U0837930

要么出众，要么出局

我不过低配的人生

圣铎 / 编著

中國華僑出版社
北京

图书在版编目 (CIP) 数据

要么出众，要么出局：我不过低配的人生 / 圣铎编著 . — 北京：中国华侨出版社，2017.10（2018.11 重印）
ISBN 978-7-5113-6454-8

Ⅰ . ①要… Ⅱ . ①圣… Ⅲ . ①人生哲学—通俗读物
Ⅳ . ① B821-49

中国版本图书馆 CIP 数据核字（2017）第 220224 号

要么出众，要么出局：我不过低配的人生

编　　著：圣　铎
出 版 人：刘凤珍
责任编辑：若　耶
封面设计：韩立强
文字编辑：胡宝林
美术编辑：吴秀侠
插图绘制：戴金旺
经　　销：新华书店
开　　本：880mm×1230mm　1/32　印张：8　字数：200 千字
印　　刷：廊坊市海涛印刷有限公司
版　　次：2017 年 10 月第 1 版　2019 年 2 月第 3 次印刷
书　　号：ISBN 978-7-5113-6454-8
定　　价：39.80 元

中国华侨出版社　北京市朝阳区静安里 26 号通成达大厦 3 层
邮　　编：100028
法律顾问：陈鹰律师事务所
发 行 部：（010）58815874　　传　　真：（010）58815857
网　　址：www.oveaschin.com　　E-mail：oveaschin@sina.com

如果发现印装质量问题，影响阅读，请与印刷厂联系调换。

前言

PREFACE

哈佛大学曾做了一项长达25年的跟踪调查。调查的对象是一群智力、学历、环境等条件差不多的年轻人。结果显示，3%的人25年后成了社会各界的顶尖成功人士，他们中不乏白手创业者、行业领袖、社会精英。10%的人大都在社会的中上层，成为各行各业的不可或缺的专业人士，如医生、律师、工程师、高级主管，等等。而占60%的人几乎都在社会的中下层，他们能安稳地工作，但都没有什么特别的成绩。剩下的27%是几乎都处在社会的最底层。他们都过得不如意，常常失业，靠社会救济，并且常常抱怨他人、抱怨社会、抱怨世界。从离开校园到职场人生，25年也许只是弹指一挥间。然而，25年过去，当同窗好友再一次相聚时，在人生的地平线上，一个无可回避的现实是：昔日朝夕相处、平起平坐的同学，有了明显的“社会价值等级”。造成这种等级区分的，当然有机遇、关系以及与之相对应的环境，但是，最重要的因素却在于每个人在迈出校园的起跑线上是否找对了自己的人生方向，是否懂得努力拼搏，在最重要的方面积累自己的成功资本。那些最终成功的出众者必将感谢当初努力拼搏的自己，而那些出局的失败者也必将讨厌当初随波逐流、得过且过的自己。

有位哲人说过，一个人从1岁活到80岁很平凡，但如果从80岁倒着活，那么一半以上的人都将是伟人。但人生如棋，落子无悔。人生的道路虽然漫长，但关键处通常只有几步，我们不能什么事情都等到过后才后悔，不能什么道理都等到事后才明白。有些事情，如果在我们年轻的时候就去做；有些道理，如果在我们年轻时期就能参透，那么，在未来的三十几岁、四十几岁以及更长的人生道路上，我们就可以少走一些弯路，少经历一些失败，避开工作和生活中的陷阱及情感的暗礁，早一天实现自己的理想，获得成功和幸福。

年轻人刚刚踏入社会，没有经验和阅历，不知道究竟要在哪些方面积累自己的资本，才能更适应社会，更具有竞争力，更高效、快速地获得人生的成功。为此，他们常常感到迷茫困惑，常常在十字路口徘徊，难以抉择。而对于年轻人来说，现在的迷茫，会造成10年后的恐慌、20年后的挣扎，甚至一辈子的平庸。如果不能尽快走出困惑，拨开迷雾，就无颜面对10年后、20年后的自己。越早找到方向，越早走出困惑，就越容易在人生道路上取得成就、创造辉煌。

人活一次，要么全力以赴地拼搏，活出耀眼且出众的自己，要么灰溜溜地出局，被迫面对人生的遗憾和后悔。你的未来需要你用双手拼出来，拼出属于你自己的世界，拼出属于你自己的辉煌。“三分天注定，七分靠打拼。”要拼就奋力去拼，给自己一次机会，不要给自己的人生留下遗憾。

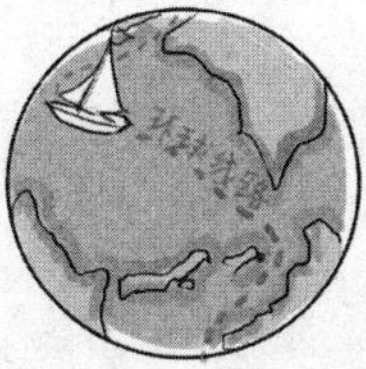

目录

CONTENTS

▲第六章　要么狠，要么滚：你所谓的稳定，不过是在浪费生命

▲第七章　人生总会有办法：思路决定出路

第一章

要么出众，要么出局：不过低配的人生

远大的目标是成功的磁石

理想是人的追求，什么样的理想，将决定你成为什么样的人。

美国哈佛大学对一批大学毕业生进行了一次关于人生目标的调查，结果如下：

27%的人，没有目标；60%的人，目标模糊；10%的人，有清晰而短期的目标；3%的人，有清晰而长远的目标。

25 年后，哈佛大学再次对这批学生进行了跟踪调查，结果是：

那 3%的人，25 年间始终朝着一个目标不断努力，几乎都成为社会各界成功人士、行业领袖和社会精英；10%的人，他们的短期目标不断实现，成为各个领域中的专业人士，大都属于社会中上层；60%的人，他们过着安稳的生活，也有着稳定的工作，却没有什么特别的成绩，几乎都属于社会的中下层；剩下 27%的人，生活没有目标，并且还抱怨他人，抱怨社会不给他们机会。

要成功就要设定目标，没有目标是不会成功的。目标就是方向，就是成功的彼岸，就是生命的价值和使命。

2001 年的亚洲首富孙正义，23 岁那一年得了肝病，在医院住院期间，他读了 4000 本书，每年读了 2000 本书。他大量地阅读，大量地学习。

在出院之后，他写了40种行业规划，但最后选择了软件业。事实上，他的选择是对的，软件行业使他成为了亚洲首富。

选好行业之后，他开始创业。创业初期，条件艰苦，他的办公桌是用苹果箱拼凑而成的。他招聘了两名员工。有一次，他和两名员工一起分享他的梦想，他说："我25年后要赚100兆日币，成为亚洲首富。"这是孙正义的梦想，但在两名员工看来却是件不可思议的事情。他们对孙正义说："老板，请允许我们辞职，因为我们不想和一位疯子一起工作。"

事实上，孙正义的梦想实现了，他成了亚洲首富。

志当存高远，是我国三国时期的著名政治家和军事家诸葛亮的一句名言。诸葛亮在青年时代就具备了远大的志向，在未出茅庐时就自比管仲、乐毅，就想干一番大事业。远大的志向加上良好的机遇，使他成就了一番伟业。

做高尚的梦，并且飞向你的梦想。你的梦想预示着未来你会

成为什么样。你的理想是未来的预兆。只要你对自己诚实，对自己的理想诚实，最终你梦想的世界就会变成现实。

你的环境也许并不舒适，但只要你怀有理想，并为实现它而奋斗，那么，你的环境会很快改变。詹姆斯·E.艾伦说过，最伟大的成就在最初的时候是一个梦。橡树沉睡在果壳里，小鸟在蛋里等待，在一个灵魂最美丽的梦想里，一个慢慢苏醒的天使开始行动。梦想，是现实的情侣。

谚语云：如果你只想种植几天，就种花；如果你只想种植几年，就种树；如果你想流传千秋万世，就种植观念!

一位美国的心理学家发现，在为老年人开办的疗养院里，有一种现象非常有趣：每当节假日或一些特殊的日子，像结婚周年纪念日、生日等来临的时候，死亡率就会降低。他们中有许多人为自己立下一个目标：要再多过一个圣诞节、一个纪念日、一个国庆日，等等。等这些日子一过，心中的目标、愿望已经实现，继续活下去的意志就变得微弱了，死亡率便立刻升高。生命是可贵的，并且只有在它还有一些价值的时候去做应该做的事，去实现自己的目标，人生才会有意义。

要攀到人生山峰的更高点，当然必须要有实际行动，但是首要的是找到自己的方向和目的。如果没有明确的目标，更高处只是空中楼阁，望不见更不可及。如果我们想要使生活有所改变，首先要设定一个目标。只有设定了目标，人生之旅才会有方向、有进步、有终点、有满足。

让我们为自己找一个梦想，树立一个目标吧，因为人生因梦想而伟大！

青春加油站

梦想是所有成就的出发点，很多人之所以失败，就在于他们从来都没有梦想，并且也从来没有踏出他们的第一步。

对成功要有强烈的企图心

你需要一个强有力的渴望，才能让你走上另一级台阶。

史蒂夫·乔布斯以1300美元起家，在不到5年的时间里，推出的苹果个人电脑席卷了全球。到1980年，年仅25岁的他已拥有数亿美元的个人资产，成了有史以来最年轻的白手起家的亿万富翁。

他被总统称赞为“美国人心目中的英雄”。有人问他成功的秘诀是什么。他说：“我没有什么秘诀，我只是强烈要求自己去做自己想做的事情。”是的，强烈的企图心，让他成为美国人心目中的英雄。

乔布斯1955年2月24日出生于美国旧金山。他小时候淘气、聪明又好动。1961年，因工作需要，他们全家搬到地处硅谷

的山景镇。从此，乔布斯就生活在这个充满着世界上最新科学技术与最先进的管理知识的环境里，耳濡目染中，他的性格也表现出硅谷人的特点——敢于创新、富于竞争和冒险精神。

有一天，邻居赖瑞带了一只原始的碳制麦克风回家，安上电池，接上喇叭，就可以发出声音。这可把乔布斯给迷住了，一个劲地向赖瑞问些奇怪的问题。赖瑞不胜其烦，干脆把麦克风送给他，让他自己去仔细研究。此后，乔布斯每天晚上都泡在家中，一点一滴地汲取有关电子的知识。

赖瑞见这个小家伙聪明好学，就推荐他参加惠普公司的“发现者俱乐部”。在这里乔布斯第一次见到了电脑。一见到电脑，乔布斯就迷上它。那天晚上，俱乐部展示了一种新式桌上电脑，让大家打着玩。乔布斯一边玩，一边想着自己要有这么一台电脑该多好呀！

在一次同学聚会上，乔布斯与比他年长5岁的渥兹尼克认识了。渥兹尼克是学校电子俱乐部的会长，是个天才的电子设计师。乔布斯与他一见如故。

乔布斯经渥兹尼克介绍加入了学校电子俱乐部，成了一名“电子迷”。高二时，他利用课余时间到一家名为哈尔德克的电子商店打工。

渥兹尼克工作之余，整天都埋头于设计新型电脑，而乔布斯则更多地在思考如何在电脑上赚点钱。他们有一个共同的愿望，就是拥有一台自己的电脑。就是这个强烈的愿望，使他们推出了价廉物美的个人电脑。

这台电脑严格地讲只是装在木箱里的一块电路板，但有 8K 储存器，能显示高分辨率图形。虽然简单，却相当诱惑人，俱乐部成员纷纷提出要订购这种电脑。

1974 年 4 月 1 日愚人节，乔布斯、渥兹尼克等人签署了一份协议，共同创办一家电脑公司。为了纪念乔布斯当年在苹果园打工的历史，公司取名苹果（Apple），标志是一个被咬了一口的苹果，因为“咬”（Bite）与“字节”（Byte）同音。他们生产的第一款电脑也就命名为“苹果 1”（Apple1）。

因为强烈的企图心，从而成就了一位电脑巨子，世界超级富豪。

我们要有对成功的强烈渴望，要有“我一定要成功”的信念，而不是“我想成功”。企图心是一种一定要得到的心态，是一定要的决心。只要我们下定决心，并且为这个决心负责，为这个决心全力以赴，成功离我们就很近了。

梦想和现实之间，总有那么一段距离。如果总希望一觉醒来就能梦想成真，这无异于白日做梦。把梦想变成现实，就要从现在开始确定一个目标，有成功的强烈愿望，并靠坚定的信念去拼搏，这样才可能成为生活的幸运儿。

三百六十行，行行出状元。不管你以后要从事哪一行的工作，都要努力成为行业里出类拔萃的人。如果一个人对成功有强烈的企图心，想不成功都很难！

记住：目标 + 行动 + 企图心 = 成功。

青春加油站

> 我们要有对成功的强烈渴望，要有“我一定要成功”的信念，而不是“我想成功”。企图心是一种一定要得到的心态，是一定要的决心。只要我们下定决心，并且为这个决心负责，为这个决心全力以赴，成功离我们就很近了。

没试过不要说不行

绝不放弃万分之一的可能，相信你终有一天会成功；轻易放弃一分希望，得到的将是失败。

迈克·兰顿生长在不正常的家庭里，父母关系紧张，在他小的时候，母亲经常闹着要自杀，当火气来时便抓起挂衣架追着他毒打。因为生活在这样的环境里，他自幼就有些畏怯而身体瘦弱。

迈克读高中一年级时的一天，体育老师带着他们班的同学到操场教他们如何掷标枪，而这一次上课改变了他后来的人生。在此之前，不管他做什么事都是畏畏缩缩的，对自己一点信心都没有，可是那天奇迹出现了，他奋力一掷，成绩远远超过其他同学，多出了足足有 30 英尺（约 9.14 米）。就在那一刻，迈克知道了自己的未来大有可为。在日后面对《生活》杂志的采访时，他回想道："就在那一天我才突然意识到，原来我也有能比其他人做得更好的地方，当时便请求体育老师借给我这支标枪，在那年整个夏天里，我就在运动场上掷个不停。"

迈克发现了使他振奋的未来，而他也全力以赴，结果有了惊人的成绩。

那年暑假结束返校后，他的体格已有了很大的改变，而在随后的一整年中他特别加强重量训练，使自己的体能提升。在高三时的一次比赛中，他掷出了全美国中学生最好的标枪记录，因而也使他赢得了体育奖学金。

有一次，他因锻炼过度而严重受伤，经检查后，必须永久退出田径场，这使他因此失去了体育奖学金。为了生计，他不得不到一家工厂去做卸货工人。

不知道是不是幸运之神的眷恋，有一天他的故事被好莱坞的星探所知，星探问他是否愿意在即将拍摄的一部电影《鸿运当头》中担任配角。当时这部影片是美国电影史上所拍的一部彩色西部片，迈克应允加入演出后从此就没有回头，先是演员，然后演而优则导，最后成为制片人，他的人生事业就此一路展开。一个美梦的破灭往往是另一个未来的开始，迈克原先有在田径场上发展的目标，而这个目标引导他锻炼强健的体格，后来的打击却又磨炼了他的性格，这两种训练未料却成了他另外一个事业所需的特长，使他有了更耀眼的人生。

没试过，就不要轻易否定自己；没试过，千万不要说自己不行。做什么事情，都要有尝试的勇气，都要勇于创造。迈克如果没投第一枪，在投了第一枪后如果没有勤奋地去努力，他是不会成功的。不轻易放弃哪怕一丁点的希望，去尝试，去发现自己的长处，相信人会越来越出色，因为这是一种精神，一种人生态度。

这是一个崇尚开拓创新的时代，人人都渴望能证实自我。正因为如此，我们更应该勇敢地去尝试。哪怕最后失败了也并不可怕，由于恐惧失败而畏缩不前才真正可怕。

要战胜自己，改变目前的状态，就不要放弃尝试各种可能。

也许，我们的人生旅途上沼泽遍布，荆棘丛生；也许，我们追求的风景总是山重水复，不见柳暗花明；也许，我们前行的步履总是沉重、蹒跚；也许，我们需要在黑暗中摸索很长时间，才能找寻到光明；也许，我们虔诚的信念会被世俗的尘雾缠绕，而不能自由翱翔……那么，我们为什么不可以勇敢、坚定而自信地对自己说一声“再试一次”，永不放弃万分之一的可能性？

很多人都听过美国民谣歌王卡罗·金的歌，为他温柔动人的嗓音所倾倒。但是有许多人不知道，卡罗·金原本是个钢琴手。

有一天晚上，他在西岸俱乐部演出，主唱者在最后一分钟称病告假。俱乐部老板生气地大嚷：“没有演唱者，今天就不算工资。”从那晚开始，卡罗·金摇身一变成为歌手。

下一次别人问你会不会某事时，别急着说：“不会。”再仔细想想，或许你该试试看，也许你的某项天分就会被发掘出来。

再试一试，哪怕你已经经历了很多次失败，有什么要紧？再试一试，说不定，你的生活就此改变。所以，在关键时候，要告诉自己，再试一试。

青春加油站

再试一试，哪怕你已经经历了很多次失败，有什么要紧？再试一试，说不定，你的生活就此改变。所以，在关键时候，要告诉自己，再试一试。

锻造一颗积极进取的心

早在少不更事，守着电视看奥运会的年纪时，摩拉里的心中就充满了梦想，梦想着即将到来的有趣之事。

1984 年，一个机会出现了。他想在他擅长的项目中，成为全世界最优秀的游泳者，但在洛杉矶的奥运会上，他却只拿了亚军，想象与梦想并没有实现。他重新回到梦想中，回到游泳池里，又开始意象和实际的训练。这一次目标是 1988 年韩国汉城奥运金牌。他的梦想在奥运预选赛时就烟消云散，他竟然被淘汰了。跟大多数人一样，他变得很沮丧。把这份梦想深埋心中，去康乃尔念律师学校。

有三年的时间，他很少游泳。可是心中始终有股烈焰，他无法抑制这份渴望。离 1992 年夏季赛前不到一年的时间，他决定再孤注一掷一次。在这项属于年轻人的游泳赛中，他算是高龄的，这简直就像是拿着枪矛戳风车的现代堂吉诃德。所以，他想赢得百米蝶泳赛的想法简直有点不太现实。

对他来说，这也是一个悲伤艰难的时刻，因为他的母亲因癌症而离世了。她将无法和他一起分享胜利的成果，可是追悼母亲的精神加强了他的决心和意志。令人惊讶的是，他不仅成为美国代表队成员，还赢得了初赛。他的纪录比世界纪录慢了一秒多，在竞赛中他势必要创造一个奇迹。加强想象，增加意象训练，不停地训练，他在心中仔细规划赛程，他的速度会占尽优势，他希望他能超越他的竞争者，一路领先。

预先想象了赛程，他就开始游了。而那一天，他真的站在了领奖台上，看着星条旗冉冉上升，美国国歌响起，颈上挂着令人骄傲的金牌。凭着他的积极心态，摩拉里将梦想化为胜利，美梦成真。

我们的命运是由我们自己的心态来决定的，积极的心态可以发挥出我们自身的潜能，能吸引财富、成功、快乐和健康；消极心态则能排斥这些东西，夺走生活中的一切，它还会使人终身陷入谷底，即使爬到了巅峰，也会被它拖下来。所以，不管什么时候，都要保持积极的心态。

1940 年 11 月，他出生在美国三藩市，英文名字叫布鲁斯·李。因为父亲是演员，他从小就有了跑龙套的机会，于是很早就产生了当一名演员的梦想。他由于身体虚弱，父亲让他拜师习武来强身。1961 年，他考入华盛顿州立大学主修哲学，后来，他像所有正常人一样结婚生子。但在他内心深处，时刻也不曾放弃当一名演员的梦想。

一天，他与一位朋友谈到梦想时，随手在一张便笺上写下了自己的人生目标：

"我，布鲁斯·李，将会成为全美国薪酬最高的超级巨星。作为回报，我将奉献出最激动人心、最具震撼力的演出。从 1970

年开始，我将会赢得世界性的声誉；到 1980 年，我将会拥有 1 000 万美元的财富，那时候我及家人将会过上愉快、和谐、幸福的生活。”

写下这张便笺的时候，他的生活正穷困潦倒，不难想象，如果这张便笺被别人看到，会引起什么样的嘲笑。

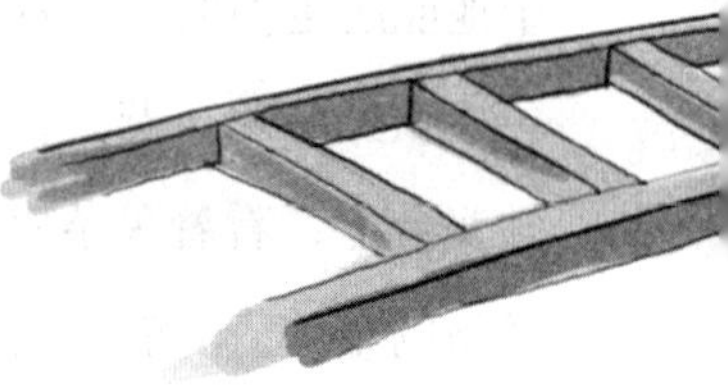

然而，他却把这些话深深铭刻在了心底。为实现梦想，他克服了无数次常人难以想象的困难。比如，他曾因脊背神经受伤，在床上躺了 4 个月，但后来他却奇迹般地站了起来。

1971 年，命运女神终于向他露出了微笑。他主演的《猛龙过江》等几部电影都刷新了香港票房纪录。1972 年，他主演了香港嘉禾公司与美国华纳公司合作的《龙争虎斗》，这部电影使他成为一名国际巨星——被誉为“功夫之王”。1998 年，美国《时代》周刊将其评为“20 世纪英雄偶像”之一，他是唯一入选的华人。

他就是李小龙——一个“最被欧洲人认识的亚洲人”，一个迄今为止在世界上享誉最高的华人明星。

青春加油站

> “锻造一颗积极进取的心”，不仅可以激励我们追求成功的愿望，更重要的是，它还可以培养我们追求成功的信心和勇气。

坚定的信念

信念是幸福人生的航道

唐代的百丈禅师，曾制定《百丈清规》，并笃实奉行，“一日不作，一日不食”，一面修行，一面劳作。他年老时仍然照常操作，弟子们于心不忍，偷偷地把他的农作工具藏匿起来。禅师找不到工具，那一天没工作，但是那一天他也就真的没吃东西。百丈禅师为何能精勤不休？是因为他的信念和抱负鞭策着他。

清末时，梨园中有“三怪”，声名远播。

跛子孟鸿寿，幼年身患软骨病，身长腿短，头大脚小，走起路来不能保持身体平衡。于是，他暗下决心，勤学苦练，扬长避短，后来一举成为丑角大师。

瞎子双阔，自小学戏，后来因疾失明，从此他更加勤奋学习，苦练基本功，他在台下走路时需人搀扶，可是上台表演却寸步不乱，演技超群，终于成为一名功深艺湛的武生。

哑巴王益芬，先天不会说话，平日看父母演戏，一一默记在心，虽无人教授，但他每天起早贪黑练功，常年不懈。艺学成后，一鸣惊人，成为戏园里有名的武花脸，被戏班奉为导师。

身有残疾的梨园三怪，为什么能够成才呢？一是他们不被自己的缺陷所压服，身残的压力让他们更加坚定了人生的信念。看似失败的人生，实际还有通向成功的途径。他们身残志坚、扬长避短，再加上勤奋，于是他们从勤奋中锻造了最好的自己，同时也成就了一番事业。

青春加油站

> 抱着坚定的信念，铁树也有可能开花。信念，为幸福人生指明了航道。
>
> 智者不打无准备之仗，不为明天做准备的人永远不会有未来。

热忱源于信念

热忱并非上天赐予的，或外界强加于你的，它源于内心，源于信念。

热忱是坚定的信念在行动上的表现，是被称为燃烧的欲望的强烈情绪，是促使你将思想付诸行动的巨大力量。

在励志大师卡耐基的办公桌上，有一块牌子，他家的镜子上也吊了同样一块牌子。巧的是麦克阿瑟将军在南太平洋指挥盟军的时候，办公室墙上也挂着一块牌子，上面都写着同样的文字：

你有信仰就年轻，疑惑就年老；

有自信就年轻，畏惧就年老；

有希望就年轻，绝望就年老；

岁月使你皮肤起皱，但是失去了热忱，就损伤了灵魂。

这是对热忱最好的赞词。培养并发挥热忱的特性，我们就可以为我们所做的每件事情，加上火花和趣味。

IBM（国际商业机器公司）成为当今世界上最大的计算机制造公司的成功秘籍就是为顾客创造良好的售后服务条件。长期以来，该公司挑选了一批优秀的技术骨干，专门负责解决顾客的问题和疑难，而且向顾客许诺：服务会在顾客提出要求后的 24 小时之内完成。

有一次，一家使用 IBM 计算机的公司打来长途电话，请求该公司立即派人前去帮助修理计算机故障。可是这家用户地处偏远的山区，靠一般的交通工具需要花费两天的时间才能到达那里。为了及时帮助顾客排忧解难、维护公司的声誉，经过短时间的研究之后，该公司的维修人员毅然坐上了直升机，及时赶到了用户家里，而且对用户表示歉意，满怀热情地为用户顺利而及时地排除了故障，使这家客户大为感动。优质的产品及工作人员良好的工作热情，使 IBM 公司在世界计算机领域中独占鳌头。

一个热忱的人，无论是挖土，或者经营大公司，都会认为自己的事业是一项神圣的天职，并怀着深切的兴趣。对自己的事业热忱的人，不论遇到多少困难，或需要多少的努力，始终会不急不躁地进行。只要抱着这种态度，任何人都一定会成功，一定会达到目标。

一个没有热忱的人，不论有什么能力，都发挥不出来。热忱可以改变一个人对他人、工作以及对全世界的态度，热忱使人更热爱人生。

青春加油站

爱默生说："有史以来，没有任何一件伟大的事业不是因为热忱而成功的。"事实上，这不是一句单纯的话，而是迈向成功之路的路标。

命运女神只垂青于执着地相信自己的人

一位经验丰富的农夫在自己的田里种黄豆，由于天气干旱和地鼠为患，他把种子埋得很深。

过了几天，农夫带着年仅6岁的儿子去查看，翻开土壤，他们发现很多种子都长出了长茎，顶上是两瓣黄黄的嫩芽，这柔弱的生命正在土壤的空隙中七弯八拐地往上生长着，很快将要破土

而出。

儿子惊讶地问："小苗长眼睛了吗？"

"没有。"

"那它怎么都知道要往上生长，而不往下长呢？"

"因为它要寻找太阳，没有阳光它们最终会死的。"

儿子又问农夫："那么，如果我要是没有阳光会死吗？"

农夫告诉儿子："孩子，你放心，对生活对自己有信心，就不会没有阳光的。"

如同种子一样，我们每一个人也应坚信：幸福的阳光就在自己的头顶上。

我们每个人都有140亿个脑细胞，每个人只用了心智能源的极小部分，若与人的潜力相比，我们只是半醒状态。正如美国诗人惠特曼诗中所说：

我，我要比我想象的更大、更美
在我的，在我的体内
我竟不知道包含这么多美丽
这么多动人之处……

人是万物的灵长，是宇宙的主宰，我们每个人都具有发扬生命的本能。为"生命本能"效力的就是人体内的创造机能，它能创造人间的奇迹，也能创造一个最好的你。

一个人相信自己是什么，就会是什么。一个人心里怎样想，就会成为怎样的人。相信你是个强者，你就可能是个强者，我们每个人心里都有一幅“心理蓝图”或一幅自画像，有人称它为“自我心像”。自我心像有如电脑程序，直接影响它的运作结果。如果你的心想象的是做最好的你，那么你就会在你内心的“荧光屏”上看到一个踌躇满志、不断进取的自我。同时，还会经常收听到“我做得很好，我以后还会做得更好”之类的信息，这样你注定会成为一个最好的你。

青春加油站

相信自己，创造最好的“我”，幸福、成功将悄然而至。

“不可能”是机会的代名词

一个信念可以造就一段传奇，一个信念可以把常人眼中的“不可能”变为“可能”。

1485年5月，哥伦布到西班牙游说：“我从这儿向西也能到达东方，只要你们拿出钱来资助我。”当时，没有一个人阻止他，也没有人刺杀他，因为当时的人认为，从西班牙向西航行，不出500海里（926千米），就会掉进无尽的深渊；到达富庶的东方，是绝对不可能的。

不料，在他第一次航行成功，第二次去的时候，不仅遇到了空前的阻力，而且还有人在大西洋上拦截，并企图暗杀他。至于原因，非常简单，因为沿这条航线绝对能够到达富庶的东方，他再去一回，那儿的黄金、玛瑙、翡翠、玉石、皮毛、香料，就会使他富比王侯，不可一世。

在法国，一位小男孩创办了一个专门提供玩具信息的网站。

当时，没有一个人把他放在眼里，没有一家同类的公司与之为敌，也没有哪家行业会来找他签订行业约束条款。他们认为，那个网站只是一个孩子的游戏，成不了什么气候。谁知，结果却出人意料，这个小男孩不仅把网站做大了，而且在他十几岁时，就通过广告收入，成了法国最年轻的百万富翁。

可见，“不可能”的另一面，即为“机会”。

因为不可能，必然谁也不去关注，谁也不对其设防；再者，不可能实现的事，一般都没有竞争对手，第一个去做的人更容易成功。

另外，一般人认为不可能的事，肯定是十分困难，甚至是难以想象的事。因为太难，所以畏难；因为畏难，所以根本不去问津。不但自己不去问津，甚至认为别人也不会问津。可以说，世界上真正的大业，都是在别人认为不可能的情况下完成的。在人类一步步从过去走向未来的过程中，不可能的事，一件都还没有发现。

青春加油站

> 唯有信念坚定的强者，最爱人们眼中的“不可能”，因为其中潜藏着无数的机遇。

拥有希望，就拥有创造奇迹的力量

美国作家欧·亨利在他的小说《最后一片叶子》里讲了个故事：

病房里，一个生命垂危的病人从房间里看见窗外一棵树上的叶子，在秋风中一片片地掉落下来。病人望着眼前的萧萧落叶，身体也随之每况愈下，一天不如一天。她说：“当树叶全部掉光时，我也就要死了。”一位老画家得知后，用彩笔画了一片叶脉青翠的树叶挂在树枝上。最后一片叶子始终没掉下来。

只因为生命中的这片绿，病人竟奇迹般地活了下来。

人生可以失去很多东西，却绝不能失去希望。只要心存希望，总有奇迹发生，希望虽然渺茫，但它永存人间。所以，当你遇到困境的时候，你一定要相信你自己，给自己希望，才能柳暗花明，走出困境。

一个俄国人做过一个试验：将两只大白鼠丢入一个装了水的器皿中，它们拼命地挣扎求生，结果只维持了 8 分钟左右。然后，在同样的器皿中放入另外两只大白鼠，在它们挣扎了 5 分钟左右的时候，放入一个可以让它们爬出器皿外的跳板，这两只大白鼠得以活下来。若干天以后，再将这对大难不死的大白鼠放入器皿中，结果真的有些令人吃惊：两只大白鼠竟然可以坚持 24

分钟，是一般情况下能够坚持时间的三倍。

这位俄国的心理学家总结说，前面两只大白鼠，没有任何逃生经验，只能凭自己本来的体力挣扎求生；而有逃生经验的大白鼠却多了一种精神的力量，它们相信在某一个时候，一个跳板会救它们出去，这使得它们能够坚持更长的时间。这种精神力量，就是希望。

那个试验还没有完。有人想着那两只大白鼠，总觉得不是滋味，就略带反感地对那位心理学家说："有希望又怎么样，那两只大白鼠最后还不是死了。"心理学家出人意料地回答说："没有死，在第 24 分钟时，我看它们实在不行了，就把它们捞上来了。有积极心态的大白鼠更有价值，更值得活下去；我们人类应该尊重一切希望，哪怕是一只大白鼠内心的希望。"

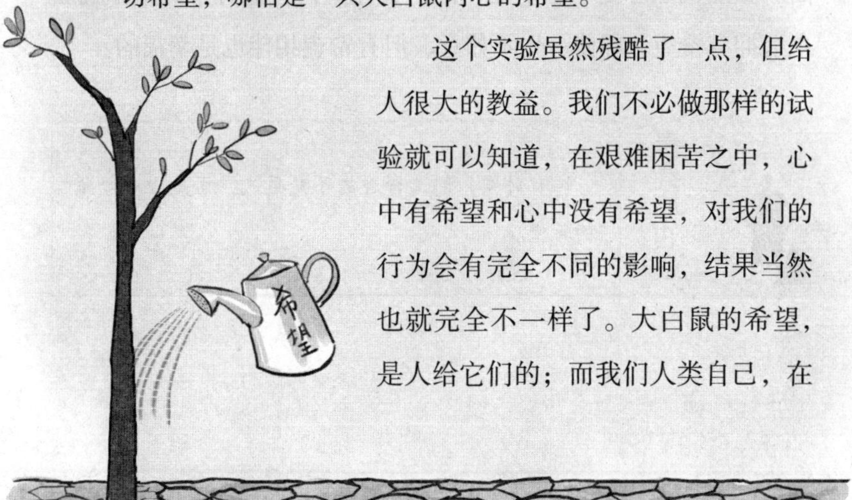

这个实验虽然残酷了一点，但给人很大的教益。我们不必做那样的试验就可以知道，在艰难困苦之中，心中有希望和心中没有希望，对我们的行为会有完全不同的影响，结果当然也就完全不一样了。大白鼠的希望，是人给它们的；而我们人类自己，在任何时候、任何地点、任何困难的情况下，都能够自己给自己希望。希望是一种伟大的力量。在很多情况下，希望的力量比知识的力量更强大。因为只有在有希望的前提下，知识才能被更好地利用。二战期间，德国法西斯虽然拥有很先进的武器和强大的军队，但内心的绝望还是导致了他们的迅速溃败。所以，一个人，即使他一无所有，只要他有希望，他就可能拥有一切；而一个人即使拥有一切，心中没有希望，那就可能丧失他已经拥有的一切。

漫漫人生，难免会遇到荆棘和坎坷，但风雨过后，一定会有美丽的彩虹。所以，你在任何时候都要抱有乐观的心态，都不要丧失希望。要知道，失败不是生活的全部，挫折只是人生的插曲。虽然机遇总是飘忽不定，但只要你坚持，保持乐观，你就能永远拥有希望。即使一生不如意，但有希望相伴也是幸福的。

青春加油站

有时候，创造奇迹的不是巨人，而是心中埋藏的希望。

第二章

青春就是拼了命，尽了兴：等来的是命运，拼出的才是人生

决心取得成功比任何事情都重要

下决心是一种运用能力的过程，是一个人综合素质的折射。一个人能否成功，很大程度上取决于自己的决心。抓住机遇，下定决心，离成功也就不远；优柔寡断，踌躇不决则会错过良机，与成功失之交臂。

按照弗洛伊德的理论，人生来就有“做伟人”的欲望。人为成功而来，也为成功而活。但“想成功”与“要成功”却是有着天壤之别的。所以，在生活中很多人都在说：“我很想成功！”但却没有看到他们真正地下决心。要知道，成功不是喊叫出来的，也不是写出来的，成功是下决心做出来的！

很多想成功的人，对成功只是存在一种向往或一种侥幸心理。他们的目标要么游移不定，要么好高骛远，不着边际，因而很难整合现有资源，很难有计划和方法；要么迟迟不动，要么行动不坚决、不彻底、不持久，一遇到挫折，立即为自己找个借口，下台了事。

世界顶级的推销员与培训大师汤姆·霍普金斯曾告诉他的学员们说：“成功有三个最重要的秘诀，第一个就是下定决心；第二个还是下定决心；第三个当然还是下定决心。”

这是霍普金斯成功的经验，因为就在他刚刚进入推销行业的时候，他常常因为害怕敲别人家的门或跟陌生人谈论产品时被拒绝，故而业绩一直无法突破。直到有一天，他上了一堂课，在课堂上老师告诉他：“下一次还有一堂课非常棒，那个课程可以帮助我们激发所有的潜能，让自己能够成为顶尖人物。”

霍普金斯说：“我很想听下堂课，但我没有钱，等我存够了钱再上。”这时候老师却对他说：“你到底是想成功，还是一定要成功？”他回答说：“我一定要成功。”老师又问：“假如你一定要成功的话，请问你会怎么处理这个事情？”于是霍普金斯回答：“我会立刻借钱来上课。”

课后，霍普金斯发现了自己一直业绩平平的原因，是自己从来没有真正地下过决心。于是在下一次推销之前，他从公司里找了一位同事并和他一起下楼，他对同事说：“你看着，假如我无法向对面那个陌生人推销产品的话，我走过马路来就被车撞死。”

他说完这句话的时候，脑海里一片空白，根本不知道他即将如何推销。但他还是硬着头皮走过去，开始与陌生人交谈，于是他使出了浑身解数向那位陌生人推销产品，经过20分钟的苦口婆心之后，不可思议的事情发生了：他终于卖出了产品！

后来，霍普金斯在分析他的人生是怎么改变的时候，发现答案只有四个字，那就是“下定决心”。

莎士比亚说：“我记得，当恺撒说‘做这个’的时候，就意味着事情已经做了。”

所以，人生从你下定决心的那一刻就已经开始改变，你所作出的任何一个决定都决定着你的人生。

青春加油站

> 要成功的人才是真正在成功之前下过坚定决心的人。下定决心，不仅能体现一个人果决的勇气、决断时的自信、坚定不移的志气，更会锻造出自己的魅力，从而赢得他人的信任。

坚定的信念能够产生惊人的效果

信念是欲望人格化的结果，是一种精神境界的目标。信念一旦确定，就会形成一种成就某事或达到某种预期的巨大渴望，这种渴望所激发出来的能量，往往会超出我们的想象。由信念之火所点燃的生命之灯是光彩夺目的。

信念不但能够唤起一个人的信心，更能够延续一个人的信心，它既是信心的开始，也是信心的归宿。但是，信心时常有，信念却不常有，所以成功的人总是少数。随大流的人，把握不住自己的人，看不清形势的人，是不会成功的。急功近利的人、浮躁的人，也是不会成功的。

著名的黑人领袖马丁·路德·金说过："这个世界上，没有人能够使你倒下，如果你自己的信念还站立着的话。”所以，信念的力量，在于使身处逆境的你，扬起前进的风帆；信念的伟大，在于即使遭受不幸，亦能召唤你鼓起生活的勇气；信念的价值在于支撑人对美好事物一如既往地孜孜以求。

当然，如果一个人选择了错误的信念，那必将是对生命致命的打击，起码也会让人变得平庸。错误的信念会夺去你的能量和你的未来。曾有研究者做过这样一个实验：他们把善于攻击鲦鱼的梭鱼放在一个玻璃罩里，然后把这个玻璃罩放进一个养着鲦鱼的水箱中。罩里的梭鱼看到鲦鱼后，立刻发动了几次攻击，结果它敏感的鼻子狠狠地撞到了玻璃壁上。几次惨痛的尝试之后，梭鱼最终放弃，并完全忽视了鲦鱼的存在。当玻璃罩被拿走后，鲦鱼们可以自由自在地在水中四处游荡，即使当它们游过梭鱼鼻子底下的时候，梭鱼也继续忽视它们。由于一个建立在错误信念基础之上的死结，这条梭鱼终因不顾周围丰富的食物而把自己饿死了。在现实生活中，又有多少错误的信念成了束缚我们的玻璃罩呢？

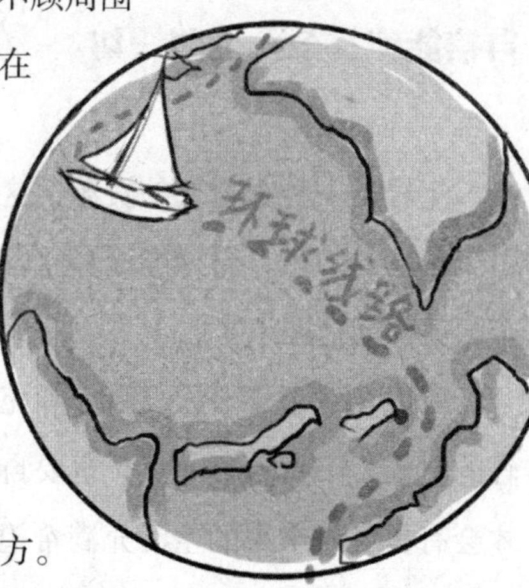

人生是一连串选择的结果，而选择一个正确的信念，会成就我们的一生。弥尔顿说过：“心灵是自我做主的地方。

在心灵中，天堂可以变成地狱，地狱也可以变成天堂。”人们的生活由自己选择，而幸福，抑或悲哀，全在于心灵的阴晴。强者的天总是蓝的，因为他们坚信乌云终将被驱散；弱者的眼里总是风霜雨雪，充满无奈、无望、无尽的悲哀与叹息。人生的变数很多，然而，不管外界多么不易把握，只要心中升腾着信念的火焰，艰难险阻就都将不复存在。

青春加油站

信念，是立身的法宝，是托起人生大厦的坚强支柱；信念，是成功的起点，是保证人追求目标成功的内在驱动力。信念，是一团蕴藏在心中的永不熄灭的火焰，是一条生命涌动不息的希望长河。

自信能使一个人征服一切

年轻是一种很重要的资源，这种资源专属于青年人。自信能引爆年轻的力量，希望能诠释年轻的真意。充满自信与希望，每个人就都能把握未来。

所以，对于年轻人，自信和充满希望是必要的，一个人在年轻的时候，宁肯自负一点，也要自信一点。只有学会自信，我们才会有勇气对未来的生活充满希望和憧憬，也只有这样，人生才会丰富而充满激情。

年轻人，应该要用足够的时间去做自己想做的事情，要用足够的精力与自信去实现自己的目标和希望。这就是年轻人的“特权”，把握住这种独特的优势，不灰心，不退却，前途必然无比明亮。

希望必然是由自信所带来，所以年轻人学会自信是首要的事情。

一些年轻人之所以缺乏自信，甚至自卑，就在于对自己有过高的、不切实际的期望。有了愿望却总是无法实现，有了目标却总是达不到，这样就会一次次地受打击，甚至迁怒于别人，怨恨社会。事实上只要他们降低期望，把目标定得切合实际，多几次成功，就能够将心态纠正过来。

自信在于准备充分。心里没底，当然难以积聚信心。准备包括情况的了解、知识的积累、信息的收集以及必要的计划、物质等。但是，高明的领导者往往在情景不明朗、准备不充分的情况下也能够积聚信心，积聚力量，并表现得信心十足，充分地感染下级，让大家同心协力，共渡难关，突破瓶颈。

生活是个两面体，站在一个视点我们可以看到它的阴暗面，站在另外一个视点上，又能看到它的积极向上的灿烂的一面。我们应该学会绕开陷阱，把握生活的朝阳的一面，对自己充满信心，对前途充满希望。

一个年轻人跟一位非常有名的画师学绘画，学了几年之后，画师建议他举办一次个人画展。为了虚心向观众求教，他在一幅他自认为较好的画的旁边放了一支笔和一张纸条，上曰：如果您认为此画有败笔之处，请在上面做标记。结果画展第一天就有很多人在上面做了无数个标记。年轻人看了，认为自己根本就不是绘画的料，他大为泄气，自信心受到极大打击，不想再继续做下去。画师看到他这个样子，哈哈大笑。

第二天，画师让年轻人准备一幅水准一般的作品挂在展览室内，在作品的旁边仍放着一支笔和一个纸条，不过这次纸条的内容跟上一次不一样：如果您觉得此幅作品有精妙之处，请

做上标记。到了晚上，年轻人惊奇地发现，他的这幅画上被做上了密密麻麻的标记，他兴奋不已，原来自己的画还是蛮受欢迎的嘛。

这个故事说明了这样一个道理：当你身处逆境而感到灰心泄气的时候，请记住这样一句话：我还年轻，我有自信，有希望——这是我的权利！

青春加油站

> 自信是一个人取得成功的前提条件，一个没有自信的人，不可能完成任何事情。希望必然是由自信所带来，所以年轻人学会自信是首要的事情。

保持平常心，坦然面对生活

一种事物之所以能够存在，源于客观对它的需求，因此它的出现从某种意义上说就是合理的。只要认同这种合理，即是对自己的接受以及对周围的人和事物的认同。这是一种豁达的心态。

认同自己，这是一个肯定自己存在价值的过程，它所表现出来的不仅仅是一个人的自信，更是一个人坚强不屈的毅力和斗志的体现。而认同别人及世间的一切事物，无疑是承认了事物的多样性，只要我们承认了这种多样性，我们就会保持一种开放的心态。承认事物的多样性以及合理性，反过来又能使人们坚信自己存在的必要性，坚持一种“天生我才必有用”的价值观念，从而为自己去赢得一个靓丽的人生，也会为社会做出自己应有的贡献。

懂得认同，承认事物的合理性，首先体现出来的是一种包容万物的博大胸怀，而拥有博大胸怀是人生取得成功的一个重要前提。我们常看到现实中有许多人习惯抱怨社会不公，认为许多事情不合理，其实大可不必，世界上是不会有绝对的公平的。所以，当我们看到了一些自己难以理解或接受的丑恶现象时，我们首先就是要去面对它，因为这是我们革除这种丑恶的前提。

黑格尔给我们提供了一种深刻认识世界的辩证法，也即道家所讲的“阴在阳之内，不在阳之对”的道理。所以，一个人如想要做到大善，心中必先要容得下大恶；一个人如果想要获得别人的赞誉，首先也必须能够承受别人的讥毁；一个人想要获得大成功，也必须能够承受大失败。古今中外成大事者，莫不如此。

承认一切事物的合理性，还能够让我们在看待事物与处理问题时保持一个平静客观的心态，并能够让我们坦然地面对生活。以一种大胸怀去看待一切事物及现象，就不至于让我们对生活产生偏激或片面的看法，也能够让我们在分析和处理问题时，以平和的心态找出现象的前因后果，从而妥善有效地解决问题。更重要的是，这种大胸怀可以让我们时刻保持一颗平常心，坦然面对人生的雨疏风骤、云卷云舒。

当然，需要指出的是，承认一切事物及现象存在的合理性，并不仅仅是要我们去麻木或冷漠地接受一切事物。承认一切事物及现象存在的合理性，也并不等于让我们在一切事情面前都要无所作为。在我们认识了事物发展的趋势和规律后，我们可以更好地对其加以把握。坦然面对生活，我们才不会为挫折和非难徒生许多烦恼与哀怨，才会以积极乐观大无畏的精神状态去迎接生活中所遇到的一切，从而做最好的自己，而不留下遗憾。

青春加油站

当我们看到了一些自己难以理解或接受的丑恶现象时，我们首先就是要去面对它，因为这是我们革除这种丑恶的前提。

进取心是不竭的动力

积极进取是要求自己上进的第一步，是要让自己不满足于现状。

到 NBA 去打球，是每一个美国少年最美好的梦想，他们渴望像乔丹一样飞翔。

当年幼的博格斯说出自己的这个梦想时，同伴们竟然把肚子都笑疼了。博格斯的身高只有 160 厘米，在 2 米都算矮个儿的 NBA 里，这充其量只是一个侏儒。

但博格斯却没有因为别人的嘲笑而放弃自己的梦想。“我热爱篮球，我决心要打 NBA。”他把所有的空余时间都花在篮球场上。其他人回家了，他仍然在练球，别人都去沐浴夏日的阳光，他却坚持在篮球场上练习。

他每日都告诫自己：我要到 NBA 去打球。他让自己的血液里都流淌着进取的精神。他深知，像他这样的身高，要到 NBA 去必须得有自己的“绝活”。他努力锻炼自己的长处：像子弹一样迅速，运球不发生失误，比别人更能奔跑。

博格斯是夏洛特黄蜂队中表现最优秀、失误最少的后卫队员，他常常像一只小黄蜂一样满场飞奔。他控球一流，远投精准，在巨人阵中他也敢带球上篮。而且，他是所有 NBA 球员中断球最多的队员。

博格斯是 NBA 中有史以来创纪录的矮子。他把别人眼中的不可能变成了现实。博格斯曾经自豪地说：“我的血液中流淌着进取的精神，所以，我能实现我的梦想。”

新闻界的“拿破仑”——伦敦《泰晤士报》的大老板诺思克利夫爵士，最初在每月只能拿到 80 元的时候，他对自己的处境非常不满。后来，《伦敦晚报》和《每日邮报》皆为他所有的时候，他还是感到不满足，直到他拥有了伦敦《泰晤士报》之后，他才稍稍觉得有点满足。

就算成了《泰晤士报》的大老板，诺思克利夫爵士还是不满足。他通过《泰晤士报》揭露官僚政府的腐败，打倒几个内阁……由于他的这种大胆的努力，提高了不少国家机关的办事效率，在某种程度上还改革了整个英国的制度。

不管你目前的职位有多高，都不要满足于现状，应该告诉自己：“我的职位应在更高处。”

百年哈佛主张这样的人生哲学：信心和理想乃是人们追求幸福和进步的最强大推动力。

人生的进步与成功，正是有了进取心和意志力——这种永不停息的自我推动力，激励着人们向自己的目标前进。

向上的力量是每一种生命的本能，这种东西不仅存在于所有的昆虫和动物身上，埋在地里的种子中也存在着这样的力量，正是这种力量刺激着它破土而出，推动它向上生长，向世界展示美丽与芬芳。

这种激励也存在于我们人类的体内，它推动我们去完善自我，去追求完美的人生。

青春加油站

> 进取心是激发人们抗争命运的力量，是完成崇高使命和创造伟大成就的动力。一个具备了进取心的人，就会像被磁化的指针那样显示出矢志不移的巨大力量。

当上帝关上了一扇门，还会为你开一扇窗

1967 年夏天，美国跳水运动员乔妮·埃里克森在一次跳水事故中，身负重伤，除脖子之外，全身瘫痪。

乔妮哭了，她躺在病床上辗转反侧。她怎么也摆脱不了那场噩梦，为什么跳板会滑？为什么她会恰好在那时跳下？不论家里人怎样劝慰她、亲戚朋友们如何安慰她，她总认为命运对她实在不公。

出院后，她叫家人把她推到跳水池旁。她注视着那蓝盈盈的水波，仰望那高高的跳台。她，再也不能站在那洁白的跳板上了，那蓝盈盈的水波再也不会溅起朵朵美丽的水花拥抱她了，她掩面哭了起来。从此她被迫结束了自己的跳水生涯，离开了那条通向跳水冠军领奖台的路。

她曾经绝望过。但是，她拒绝了死神的召唤，开始冷静思索人生的意义和生命的价值。

她借来许多介绍前人如何成才的书籍，一本一本认真地读了起来。她虽然双目健全，但读书也是很艰难的，只能靠嘴衔根小竹片去翻书，劳累、伤痛常常迫使她停下来。休息片刻后，她又坚持读下去。通过大量的阅读，她终于领悟到：“我是残了，但许多人残了后，却在另外一条道路上获得了成功，他们有的成了

作家，有的创造了盲文，有的创造出美妙的音乐，我为什么不能？”于是，她想到了自己中学时代曾喜欢画画。“我为什么不能在画画上有所成就呢？”这位纤弱的姑娘变得坚强起来，变得自信起来。她捡起了中学时代曾经用过的画笔，用嘴衔着，练习画画。

这是一个多么艰辛的过程啊。用嘴画画，她的家人连听也未曾听说过。

他们怕她不成功而伤心，纷纷劝阻她：“乔妮，别那么死心眼了，哪有用嘴画画的，我们会养活你的。”可是，他们的话反而激起了她学画的决心，“我怎么能让家人养活我一辈子呢？”她

更加刻苦了，常常累得头晕目眩，汗水把双眼弄得咸咸的，而且辣痛，有时委屈的泪水把画纸也弄湿了。为了积累素材，她还常常乘车外出，拜访艺术大师。多年过后，她的辛勤劳动没有白费，她的一幅风景油画在一次画展上展出后，得到了美术界的好评。

不知为什么，乔妮又想到要学文学。她的家人及朋友们又劝她了："乔妮，你绘画已经很不错了，还学什么文学，那会让你自己更苦的。"她是那么倔强、自信，她没有说话，她想起一家刊物曾向她约稿，要她谈谈自己学绘画的经过和感受，她用了很大力气，可稿子还是没有写成，这件事对她刺激太大了，她深感自己写作水平差，必须一步一个脚印地去学习。

这是一条满是荆棘的路，可是她仿佛看到艺术的桂冠在前面熠熠闪光，等待她去摘取。

是的，这是一个很美的梦，乔妮要圆这个梦。终于，这个美丽的梦成了现实。1976年，她的自传《乔妮》出版了，轰动了文坛，她收到了数以万计的热情洋溢的信。两年后，她的《再前进一步》一书又问世了，该书以作者的亲身经历，告诉残疾人，应该怎样战胜病痛、立志成才。后来，这本书被搬上了银幕，影片的主角由她自己扮演，她成了千千万万个青年自强不息、奋斗不止的榜样。

英国一名叫索斯的传教士说："失败不是气馁的来源，而是新鲜的刺激。"

确实如此，上帝不会把所有的门窗同时关死，它总会留下一线希望、一线生机，等待我们去发现。

青春加油站

> 山重水复疑无路，柳暗花明又一村。人生永远没有所谓的绝路，只要你愿意整装出发，总会有路可走。

成败取决于你的心态

三个和尚在破庙里相遇。“这庙为什么荒废了？”不知是谁提出了问题。

“必是和尚不虔诚，所以菩萨不灵。”甲和尚说。

“必是和尚不勤快，所以庙产不修。”乙和尚说。

“必是和尚不尊敬，所以香客不多。”丙和尚说。

三人争执不下，最后决定留下来各尽所能，改变这座破庙。

于是甲和尚礼佛念经，乙和尚整理庙务，丙和尚化缘讲经。没多久，果然香火渐盛，破庙换了新颜。于是，三个人的想法也就慢慢发生了变化。

“都因我礼佛虔心，所以菩萨显灵。”甲和尚心里想。

“都因我勤加管理，所以庙务周全。”乙和尚心里想。

“都因我劝世奔走，所以香客众多。”丙和尚心里想。

三个人都觉得自己功劳大，做事也慢慢懈怠了。甲和尚念经开始有口无心了，乙和尚整理庙务也开始三天打鱼，两天晒网了，丙和尚化缘也推三阻四了。很快，庙里的盛况又逐渐消失了。

庙已经维持不下去了，三个人只好各奔东西。走的那天，他们总算得出一致的结论：这庙的荒废，既非和尚不虔，也非和尚不勤，更非和尚不敬，而是和尚的态度出现了问题。

成也人心，败也人心；得也人心，失也人心。一切的成败得失，只在人心！人心，真的很重要。

很久以前，为了开辟新的街道，伦敦拆除了许多陈旧的楼房。然而，因为种种原因。新路久久没能开工，旧楼房的废墟晾在那里，任凭日晒雨淋。

有一天，一群自然科学家来到了这里，发现在这一片废墟上，竟长出了一片野花野草。令人惊奇的是，其中有一些花草在英国从来没有见到过的，它们通常只生长在地中海沿岸国家。这些被拆除的楼房，大多都是在古罗马人沿着泰晤士河进攻英国的时候建造的。

这些花草的种子多半就是那个时候被带到了这里的，它们被压在沉重的石头砖瓦之下，一年又一年，丧失了生长发芽的机会。而一旦见到阳光，它们就立即恢复了勃勃生机，绽开了一朵朵美丽的鲜花。

只要保持一颗坚韧的心，一旦时机来临，你的生命之花必将绽放。

有两位年届 70 岁的老太太，一位认为到了这个年纪可算是人生的尽头，于是便开始料理后事；另一位却认为一个人能做什么事不在于年龄的大小，而在于怎么想。于是，她在 70 岁高龄之际开始学习登山，其中几座还是世界有名的。令人惊讶的是，她以 95 岁高龄登上了日本的富士山，打破攀登此山年龄最高的纪录。

她，就是著名的胡达·克鲁斯老太太。

70 岁开始学习登山，这乃是一大奇迹。看来，一个人能否成功，就看他的态度了。一个人如果是个心态积极者，喜欢挑战，自强乐观，那他就成功了一半。胡达·克鲁斯老太太的壮举正验证了这一点。而一个人如果凡事都抱着消极的态度，疑虑悲观，那么，他只好和成功无缘了。

青春加油站

一个人如果是个心态积极者，喜欢挑战，自强乐观，那他就成功了一半。

幸福与否全在于你的心态

有一个人，他生前善良且热心助人，所以在他死后，升入天堂，做了天使。他当了天使后，仍时常到凡间帮助人，希望感受到幸福的味道。

一日，他遇见一个农夫，农夫的样子非常苦恼，他向天使诉说：“我家的水牛刚死了，没它帮忙犁田，那我怎么下田作业呢？”

于是天使赐他一头健壮的水牛，农夫很高兴，天使在他身上感受到了幸福的味道。

又一日，他遇见一个男人，男人非常沮丧，他向天使诉说：“我的钱被骗光了，没盘缠回乡。”

于是天使给他银两做路费，男人很高兴，天使在他身上感受到幸福的味道。

又一日，他遇见一个诗人，诗人年轻、英俊、有才华且富有，妻子貌美而温柔，但他却过得不快活。

天使问他：“你不快乐吗？我能帮你吗？”

诗人对天使说：“我什么都有，只欠一样东西，你能够给我吗？”

天使回答说：“可以。你要什么我都可以给你。”

诗人直直地望着天使：“我要的是幸福。”

这下子把天使难倒了，天使想了想，说：“我明白了。”

然后把诗人所拥有的都拿走。

天使拿走诗人的才华，毁去他的容貌，夺去他的财产和他妻子的性命。

天使做完这些事后，便离去了。

一个月后，天使再回到诗人的身边，他那时饿得半死，衣衫褴褛地躺在地上挣扎。

于是，天使把他的一切还给他。

然后，又离去了。

半个月后，天使再去看望诗人。

这次，诗人搂着妻子，不住地向天使道谢。

因为，他得到幸福了。

很多人都向往幸福，但是什么是幸福呢？电影《求求你表扬我》的开场白解释得不错：

A："什么叫幸福？"

B："幸福就是——你饿了，看见别人手里有馒头，他就比你幸福；你冷了，看见别人身上穿着厚棉袄，他就比你幸福；你想上茅房，就一个坑，有人蹲那了，他就比你幸福……"

A笑了："哈哈……"

B："可笑吗？"

这可笑吗？其实，幸福就是这么简单。

人很奇怪，每每等到失去，才懂得珍惜。其实，幸福就在你的身边。

肚子饿了的时候，有一碗热腾腾的拉面放在你眼前，幸福。

累得半死的时候，扑上软软的床，也是幸福。

哭得要命的时候，旁边温柔地递来一张纸巾，更是幸福。

幸福本没有绝对的定义，平常一些小事往往能撼动你的心。幸福与否，只在乎你的心怎么看待。你认为自己贫穷，并且不可改变，那么你的一生都将穷困潦倒；你认为贫穷是可以改变的，一切都会改观，并且努力去改变，那么你的一生将是充实快乐的。

草原上有对狮子母子，它们无忧无虑地生活着。一天，小狮子问母狮子：“妈，幸福在哪里？”

母狮子笑了笑说：“幸福就在你的尾巴上。”

于是，小狮子不断追着尾巴跑，跑了整整一天，累得气喘吁吁，但始终咬不到。

母狮子笑道：“傻瓜！幸福不是这样得到的。只要你昂首向前走，幸福就会一直跟随着你！”

美好的东西如果刻意去追求，它总是与你擦肩而过。但是如果你怀有一颗平常心，脚踏实地走好每一步，那么，快乐幸福就在你左右。

青春加油站

任何的痛苦都是自己找的，任何的快乐也是自己找的。幸福与否全在于你的心态。

热情点燃成功的火焰

能力、忠诚、敬业、态度——所有这些特征，对准备在事业上有所作为的年轻人来说，都是不可缺少的，但是更不可或缺的是热情——将奋斗、拼搏看作是人生的快乐和荣耀。热情是真诚的精髓，它不仅能激励自己，更能感染他人。你只要稍加注意，就会发现在世界历史中，每一个伟大的胜利都是某种热情的结果。对于成功者来说，尤其如此。

著名音乐家亨德尔年幼时，家人不准他碰乐器，不让他上学，哪怕是学习一个音符。但这一切又有什么用呢？他每天都在半夜里悄悄地跑到秘密的阁楼里去弹钢琴。

莫扎特孩提时，每天要做大量的苦工，但是到了晚上他就偷偷地去教堂聆听风琴演奏，将他的全部身心都融入音乐之中。

富兰克林说过：“没有热情，不可能赢得任何一场竞争。”热情是一种伟大的力量，它可以补充你的精力，并发展出一种坚强的个性，它能给你以信心和动力，带领你迈向成功。

英国政治家本杰明·迪斯雷利说过：“当一个人因热情而行动，他才真的伟大。”多一点热情，人生就会大不一样。

有个生意人生意一直不顺利，最后破产了。他心灰意冷，把剩下的钱在郊区给自己买了块墓地，一心等死。谁知他刚买下墓地没多久，政府计划修路，而他的墓地正好处于道路的十字路口。这一带的地价暴涨，商人通过卖墓地，居然发了一笔财。

“我买墓地都能发财，看来我注定是要做大事的。”——这样一想，商人充满了希望，热情被激发出来了，开始用卖墓地的钱投资房地产，短短几年的时间里，他就成为了著名的房地产商。

阿诺德说：“没有了热情，你能打动谁？世界上最糟糕的破产就是一个人丧失了热情。”没人愿意整天和一个没精打采、冷若冰霜的人打交道，也没有哪一个领导愿意提升一个毫无热情的下属。热情是战胜所有困难的强大力量，它使你保持清醒，使全身所有的神经都处于兴奋状态，去做你内心渴望的事。高度的热情是成功的诀窍，爱迪生连结婚时都想着自己的发明创造，怎么会不成功呢？

所以，要想获得成功，无论你的才能、知识多么卓著，如果缺乏热情，成功只能是空中楼阁。当你做好成功的准备的时候，你不妨问问自己，自己有足够的热情去获取成功的喜悦吗。

拿破仑说过：“如果你拥有热情，那几乎就所向无敌了。”有人用补品来维持精力，有人一天到晚都无精打采。只有热情才能使人神采奕奕，精力过人。充满热情和活力，别人就会被你吸引，因为人们总是喜欢跟积极乐观的人在一起。而没有热情，无论你具有什么能力，都发挥不出来。要想获得成功，你必须要有热情，来发挥自己的才能。

一个人的热情就如同油灯上的火焰，有人给它加油，它便能一直燃烧下去。热情来自远大的目标和对工作的乐趣。培养热情最好的方法就是，心存“热情”之念，热爱生活，热爱工作，用行动表现热情。凡事不做则已，做就必定全力以赴，以最大的热情行动到底。那么，如何才能让热情之火不灭呢？卡耐基提出了以下几个建议：

（1）热爱生活，热爱工作，保持好奇心；

（2）做事要充满热情；

（3）多传播好消息，多想想开心的事情；

（4）培养“我很重要”的态度；

（5）让自己行动起来，行动表现出来的热情才最有说服力；

（6）坚持锻炼，身体健康是产生热情的基础；

（7）认为自己是天生的优胜者，要有自信！

（8）要用希望和梦想来激励自己。

最后请记住：热情是世界上最有价值的感情，也是最有感染力的情绪。热情增加一点点，人生就大不一样。充满激情，最后你自己也将被激情点燃，没有任何东西能阻止你成功的脚步。你的生活也会因为热情而多姿多彩！

青春加油站

> 当你被欲望控制时，你是渺小的；当你被热情激发时，你是伟大的。

失去了勇气，就失去了全部

狭路相逢，勇者胜。这句话是说，在任何时候，勇气都是必不可少的。人生没有智慧不行，没有勇气也不行。谁也不敢说有智慧的人一定有勇气；但缺少智慧的人，大概没有勇气，或者其勇气亦是一种冒失。

一个死者来到天堂，天使为他放映他在人间的一生。结果他发现，每当演到那些他缺乏勇气的时刻，画面就会停格中断。停格的画面包括：他年轻时爱上一个女孩子却不敢表白；有一次做错事想对父亲道歉却始终没有说出口；他爱自己的孩子，但很少表达出来。电影放完了，天使告诉他：“你几乎是完美的，但是你的生命里缺乏勇气，所以我们要让你回到人间，等你学会了爱和勇气后再回到天堂。”

英国前首相温斯顿·丘吉尔说过：“勇气很有理由被当作人类德行之首，因为这种德行保证了其余的德行。”有了勇气，就有了战胜一切困难的力量，勇气是想成为一个优秀的人的必备条件。如果没有勇气，就永远只是个纸上谈兵的空想家。

勇气的力量可以改变一个人的人生。有一个人从小就胆小，什么事也不敢做，同学和朋友都嘲笑他。为了让他鼓起勇气，父母让他报了军校。可是在军校里他还是一样胆小，老师看不起他，同学们嘲笑他，经常出他的洋相。一次，他们在手雷实弹投

掷训练中，一个爱搞恶作剧的同学拿了一个仿真的手雷，告诉大家要让他出丑。开始训练了，那个同学“不小心”将仿真的手雷扔到了同学中间，大叫小心，同学们也很配合地乱作一团。

那个人也很惊慌，大家本来想看他出丑，可没想到他竟勇敢地扑向手雷，将它压在身下，同学们震住了。

半晌他脸通红，爬了起来，不敢看大家。回过神后，同学们都为他的勇气鼓掌。他的一生也从此改变了。他就是美国著名的刚烈将领——巴顿将军。

想到的事情经过努力未能做成不会让人后悔，而很容易做到的事情不去尝试，则会终生遗憾。其实人世间好多事情，只要敢做，多少会有收获。尤其是在困境中，如果能拿出视死如归的勇气，必能化险为夷，任何困难都将迎刃而解。

秦朝末年，天下纷乱，军阀为了不同的利益相互混战，其中，巨鹿之战至今为人们长久传诵。

当时，赵王歇被秦军围困在巨鹿（今河北平乡西南），请求楚怀王救援。而秦军强大，几乎没人敢前去迎战。项羽为报秦军杀父之仇主动请缨，楚怀王封项羽为上将军。

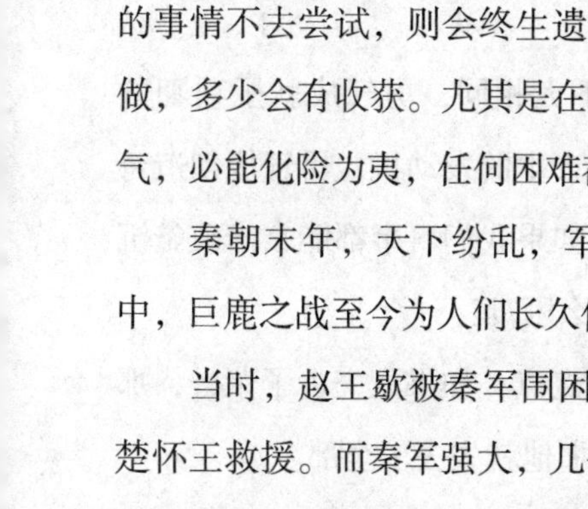

项羽先派部将蒲将军等率领2万人做先锋，渡过湾水，切断秦军的运粮通道。然后，项羽率领主力渡河。渡过了河后，项羽命令将士，每人带三天的干粮，把军队里做饭的锅碗全砸了，把渡河的船只全部凿沉，连营帐都烧了，并对将士们说：“咱们这次打仗，有进无退，三天之内，一定要把秦兵打退。”

项羽破釜沉舟的决心和勇气，对将士起了很大的鼓舞作用。楚军把秦军的军队包围起来，个个士气振奋，越打越勇。一个人抵得上十个秦兵，十个就可以抵上一百个。经过九次激烈战斗，活捉了秦军首领王离，其他的秦军有被杀的，也有逃走的，围困巨鹿的秦军就这样瓦解了。

可见，多了点勇气，人生便不大相同，勇气成就了项羽的威名和霸业。所以可以说，勇气是人生的发动机，勇气能创造奇迹，勇气能战胜一切困难。试想，如果我们事事都能拿出破釜沉舟的勇气和决心，那么世间还有什么困难！

如果人失去了金钱，那只是一点点；如果人失去了荣誉，那就失去了很多；如果人失去勇气，那他就失去了全部。

青春加油站

> 如果人失去了金钱，那只是一点点；如果人失去了荣誉，那就失去了很多；如果人失去勇气，那他就失去了全部。

时刻提醒自己：我只懂一点点

曾经做过宋朝宰相的大文学家王安石，晚年闲居在金陵。他喜欢一个人游览山景，一天，他看到十多个人在山路旁的树下围在一起谈论文学，便走过去坐在旁边的一块石头上静静地听。一个年轻人见他坐了很久，一言不发，就以不屑的语气问道："你懂文学吗？就是词啊、诗啊、赋啊什么的。"

王安石微笑着望着他，没说话。

年轻人以为王安石不懂，又说："不懂文学，何必在这里浪费时间呢？"

王安石淡淡地说："也算懂吧。我懂一点，只懂一点点。"

那人见他说懂文学，就问："您能把尊姓大名告诉我吗？"

王安石说："可以。卑姓王，字介甫，号半山，名安石。"

众人闻听坐在他们面前的这位老人就是名扬四海的王安石，都慌忙站起来，纷纷向他施礼，谦虚地向他请教。

大文学家王安石旁听人们谈论文学，一言不发，回答问题时不卑不亢，表现出一种谦虚的品格。谦虚不会使人失去什么，反而能焕发出你的人格魅力，使知识更加丰富。

孔子带着学生到鲁桓公的祠庙里参观的时候，看到了一个可用来装水的器皿，形体倾斜地放在祠庙里。

守庙的人告诉他：“这是欹器，是放在座位右边，用来警诫自己，如‘座右铭’一般的器皿。”

孔子说：“我听说这种用来装水的伴坐的器皿，在没有装水或装水少时就会歪倒；水装得适中，不多不少的时候就会是端正的。里面的水装得过多或装满了，它也会翻倒。”

说着，孔子回过头来对他的学生们说：“你们在里面倒水试试看吧！”学生们听后舀来了水，一个个慢慢地向这个可用来装水的器皿里灌水。果然，当水装得适中的时候，这个器皿就端端正正地立在那里。不一会儿，水灌满了，它就翻倒了，里面的水流了出来。再过了一会儿，器皿里的水流尽了，又像原来一样歪斜在那里了。

这时候，孔子便长长地叹了一口气说道：“唉！世界上哪会有太满而不倾覆翻倒的事物啊！”欹器装满水就如同骄傲自满的人那样，容易倾倒。

因此为人要谦虚谨慎，不要骄傲自满。

法国数学家笛卡尔是一位知识渊博的伟大学者，但他声称学习得越多就越发现自己无知。

一次，有人问这位伟大的数学家："您学问那样广博，竟然感叹自己的无知是不是太过谦虚了？"

笛卡尔说："哲学家芝诺不是解释过吗？他曾画了一个圆圈，圆圈内是已掌握的知识，圆圈外是浩瀚无边的未知世界。知识越多，圆圈越大，圆周自然也越长，这样它的边沿与外界空白的接触面也越大，因此未知部分当然显得就更多了。"

"对，对，你的解释真是绝妙！"问话者连连点头称是，赞同这位数学家的高见。

知道得越多，越觉得自己无知。这合情合理吗？其实，在聪明人看来，这种说法非常正确。因为人类已经有五千年的文明，个人所掌握的知识，不过是沧海一粟罢了。如果有个人因为自己上知天文下知地理就敢号称自己无所不知的话，那只会贻笑大方。所以，无论在任何时候，你永远都要清醒地告诉自己：我只懂一点点。

青春加油站

> 丰收的稻子总是弯腰向着大地，浅薄的稗子才会高傲地望着天空。

学会激励自己，给自己打气

如果沉在海底的话，一枚硬币和一枚价值连城的金币是一样的。只有将金币打捞上来，并且去使用它，才能显出它们价值的大小。同样的道理，当你学会激励自己发挥潜能时，你才变得真实而有价值。

很多人不相信他们自己有能力实现愿望，因而他们也从不激励自己，反而在关键时刻告诉自己："你不行的，还是别做白日梦了"，"我天生就是如此，再努力也没用了"……这些消极的语言不仅使他们丧失了自信，同时也封住了他们的潜能。成功者总是那些拥有积极心态并且善于激励自己的人。

卡耐基说过："不能激励自己的人，一定是一个平庸的人，无论他的才能如何出色。"激励是我们生活的驱动力量，它来自于一种希望成功的愿望。没有成功，生活中就没有自豪感，在工作和家庭中也就没有快乐与激情。

激励的作用是强大的，它能说服和推动你去行动。行动就像生火一样，除非你不断给它加燃料，否则就会熄灭。激励就是行动的燃料，源源不断地为你提供行动的能量。时时用对成功的渴望来激励自己，作为新员工，你就会有足够的动力去战胜困难到达成功的彼岸。激励的力量是无穷的，它让你有勇气和能力面对一切困境，也足以使你彻底改变自己。

有一个名叫亨利·伍德的年轻人，刚做推销员没多久。一天，他对老板说：“我不干了！”

“怎么回事？亨利？”老板问道。

“我不是干推销员的料，就这么回事！我总是不成功，我不想再干了。”

出乎意料的是，老板对他说：“如果我没看错人，你的确是干推销员的好料子。我向你保证，亨利·伍德。现在你马上离开这里，当你晚上回来的时候，你争取到的订单一定比你这一生中任何一天所争取到的还要多。”

亨利看着老板，愕然无声。他的眼睛亮了起来，充满了斗志，然后转身离开了老板的办公室。

那天晚上，亨利回来了，脸上充满了胜利的神采，他创下了一生中最佳的纪录——而且以后一直保持。

这个故事告诉我们，学会激励自己，自我期望的程度越大，就会取得越大的成就。你认为自己行，你就一定行。

成功的关键就在于你的心中要一直相信自己，同时要不时地激励自己。成功不属于那些妄自菲薄的人。它偏爱那些相信自己并时刻激励自己前行的人。

（1）可以通过各种信息来鼓励你的身心、振奋你的精神。比如，背诵几句格言，或者阅读一些快乐有趣的小故事。当你周围充满鼓舞人心的事物时，就比较容易在事情发展不顺时继续前进并回到工作中。

（2）当你取得一些成就时，或者有进步时，不妨给自己一点奖励，满足自己的小愿望，以此好好鼓励自己。

（3）将你所处行业的最顶尖的人士的照片贴在办公桌或者床头，暗暗立下目标：我一定要做得和他一样出色！

（4）不断地告诉自己：我可以做得更好，我可以让这份工作更具意义，那么你就能成为更加完美的员工。

（5）起床后就想象今天是完美快乐的一天的人是幸运的。对于那些并不很乐观的人，只要坚信这一点，那事情就有可能沿着他的情绪发展。这叫自我暗示。

青春加油站

学会激励自己，自我期望的程度越大，就会取得越大的成就。

第三章

谁说这辈子只能这样：跨过去是远方，跨不过去是苟且

人生没有过不去的坎

“没有永久的幸福，也没有永久的不幸”，尽管在生活中，我们每个人都会遇到各种各样的挫折和不幸，而且有的人承受一种磨难，受打击的时间甚至长达几年、十几年，但是让人极度讨厌的厄运也有它的“致命弱点”，那就是它不会持久存在。

人们在遭受了生活的打击之后，总是习惯抱怨自己的命运不好，身边没有能够帮忙的朋友，家世也不好，父母无权无势，等等。其实抱怨并不能解决问题，当遭受挫折的时候，我们一定要相信——厄运不久就会远走，希望就在前面。

匹兹堡有一个女人，她已经35岁了，过着平静、舒适的中产阶层的家庭生活。但是，她突然连遭四重厄运的打击。丈夫在一次事故中丧生，留下两个小孩。没过多久，一个女儿被烤面包的油脂烫伤了脸，医生告诉她孩子脸上的伤疤终生难消，母亲为此伤透了心。她在一家小商店找了份工作，可没过多久，这家商店就关门倒闭了。丈夫给她留下一份小额保险，但是她耽误了最后一次保费的续交期，因此保险公司拒绝支付保费。

发生一连串不幸事件后，女人近于绝望。她左思右想，为了自救，她决定再做一次努力，尽力拿到保险赔偿。在此之前，她一直与保险公司的普通员工打交道。当她想面见经理时，一位接待员告诉她经理出去了。她站在办公室门口无所适从，就在这时，接待员离开了办公桌。机遇来了。她毫不犹豫地走进了经理的办公室，结果，看见经理独自一人在那里。经理很有礼貌地问候了她。她受到了鼓励，沉着镇静地讲述了索赔时碰到的难题。经理派人取来她的档案，经过再三思索，决定应当以德为先，给予赔偿，虽然从法律上讲公司没有承担赔偿的义务。工作人员按照经理的决定为她办了赔偿手续。

但是，由此引发的好运并没有到此中止。经理尚未结婚，对这位年轻寡妇一见倾心。他给她打了电话，几星期后，他为寡妇推荐了一位医生，医生为她的女儿治好了病，脸上的伤疤被清除干净；经理通过在一家大百货公司工作的朋友给寡妇安排了一份工作，这份工作比以前那份工作好多了。不久，经理向她求婚。几个月后，他们结为夫妻，而且婚姻生活相当美满。

这个故事很好地阐释了厄运与好运的意义，厄运不会一直存在于我们的生活里，即使是现在深陷困境，不久之后厄运就会夭折。

易卜生说：“不因幸运而故步自封，不因厄运而一蹶不振。真正的强者，善于从顺境中找到阴影，从逆境中找到光亮，时时校准自己前进的目标。”

任何时候，都不要因厄运而气馁，厄运不会时时伴随你，阴云之后阳光很快就会来临。

青春加油站

> 任何时候，都不要因厄运而气馁，厄运不会时时伴随你，阴云之后阳光很快就会来临。

不要把自己禁锢在眼前的苦痛中

世事无常，我们随时都会遇到困厄和挫折。遇到生命中突如其来的困难时，你都是怎么对待的呢？不要把自己禁锢在眼前的困苦中，眼光放远一点，当你看得见成功的未来远景时，便能走出困境，达到你梦想的目标。

在断崖上，不知何时长出了一株小小的百合。它刚发芽的时候，长得和野草一模一样，但是，它知道自己并不是一株野草。它的内心深处，有一个念头：“我是一株百合，不是一株野草。唯一能证明我是百合的方法，就是开出美丽的花朵。”它努力地吸收水分和阳光，深深地扎根，直直地挺着胸膛，对附近的杂草置之不理。

在野草和蜂蝶的鄙夷下，百合努力地释放自己的能量。百合说：“我要开花，是因为知道自己有美丽的花；我要开花，是为了完成作为一株花的庄严使命；我要开花，是由于自己喜欢以花来证明自己的存在。不管你们怎样看我，我都要开花！”

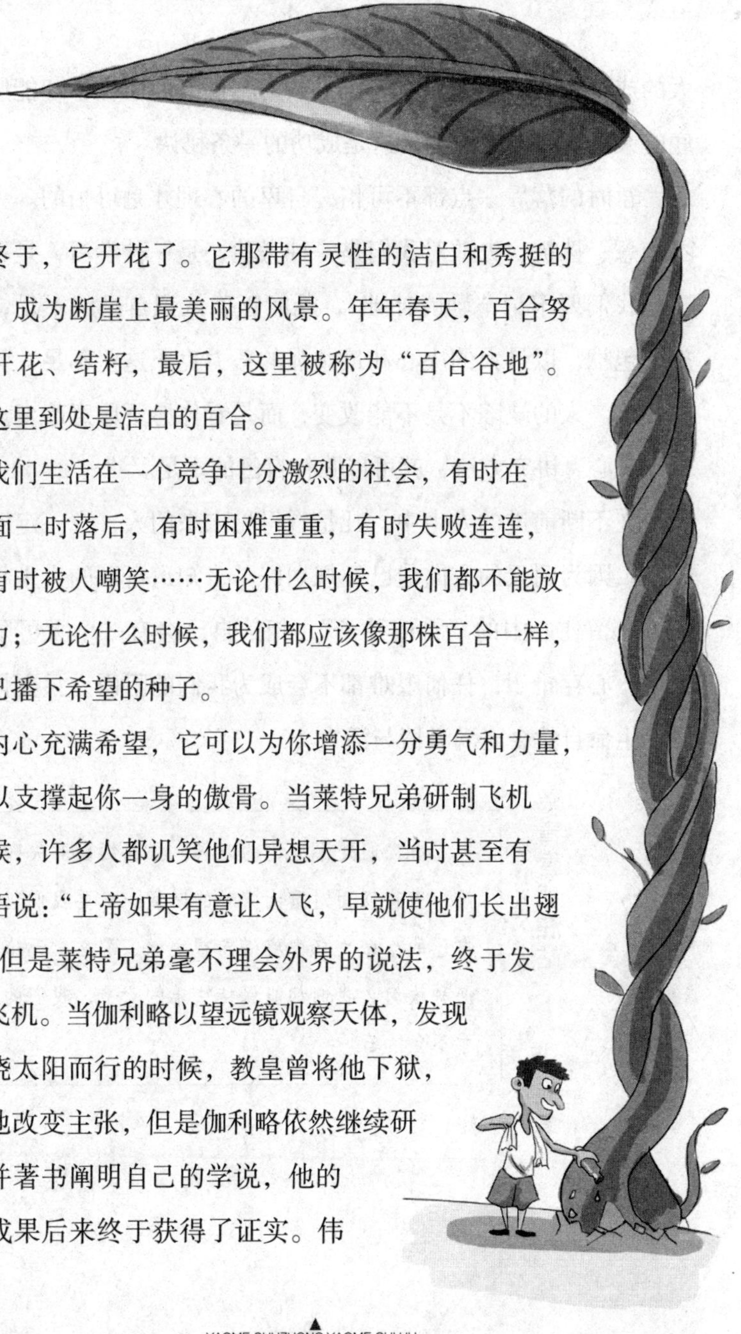

终于，它开花了。它那带有灵性的洁白和秀挺的风姿，成为断崖上最美丽的风景。年年春天，百合努力地开花、结籽，最后，这里被称为“百合谷地”。因为这里到处是洁白的百合。

我们生活在一个竞争十分激烈的社会，有时在某方面一时落后，有时困难重重，有时失败连连，甚至有时被人嘲笑……无论什么时候，我们都不能放弃努力；无论什么时候，我们都应该像那株百合一样，为自己播下希望的种子。

内心充满希望，它可以为你增添一分勇气和力量，它可以支撑起你一身的傲骨。当莱特兄弟研制飞机的时候，许多人都讥笑他们异想天开，当时甚至有句俗语说：“上帝如果有意让人飞，早就使他们长出翅膀。”但是莱特兄弟毫不理会外界的说法，终于发明了飞机。当伽利略以望远镜观察天体，发现地球绕太阳而行的时候，教皇曾将他下狱，命令他改变主张，但是伽利略依然继续研究，并著书阐明自己的学说，他的研究成果后来终于获得了证实。伟大的成就，常属于那些在大家都认为不可能的情况下却能坚持到底的人。坚持就是胜利，这是成功的一条秘诀。

暂时的落后一点都不可怕，自卑的心理才是可怕的。人生的不如意、挫折、失败对我们是一种考验，是一种学习，是一种财富。我们要牢记“勤能补拙”，既能正确认识自己的不足，又能放下包袱，以最大的决心和最顽强的毅力克服这些不足，弥补这些缺陷。人的缺陷不是不能改变，而是看你愿不愿意改变。只要下定决心，讲究方法，就可以弥补自己的不足。

在不断前进的人生中，凡是看得见未来的人，也一定能掌握现在，因为明天的方向他已经规划好了，知道自己的人生将走向何方。留住心中的“希望种子”，相信自己会有一个无可限量的未来，心存希望，任何艰难都不会成为我们的阻碍。只要怀抱希望，生命自然会充满激情与活力。

青春加油站

当我们处于厄运的时候，当我们面对失败的时候，当我们面对重大灾难的时候，只要我们仍能在自己的生命之杯中盛满希望之水，那么，无论遭遇何种坎坷，我们都能保持快乐的心情，我们的生命才不会枯萎。

笑迎人生风雨

生活中难免有痛苦和失落，但是我们不能总是用悲观的心去对待生活，而应该在艰难中给自己一点希望，让自己坚强起来，再苦也要笑一笑。

钟爱东，百亩鱼塘的主人，被评为省“巾帼科技兴农带头人”。

从一名普通的下岗女工到身价千万的养殖大王，不惑之年的钟爱东仍然勤劳淳朴。事业几经起落，她说，横下一条心，没有过不去的坎儿。

1997年1月1日，是钟爱东不能忘却的日子，这一天，本以为捧上“铁饭碗”的她下岗了。在这家工厂工作了近20年，还成了厂里的“一把手”，钟爱东说，她把全部的心血、最好的青春年华，都给了工厂，甚至没有时间照顾年幼的孩子，“当时觉得，心里有什么东西被人硬掰了下来”，钟爱东说。那天，她哭了。

下岗后，她接到的第一个电话，是花都区妇联打来的，她说，就是这个电话，在最艰难的时候教会她用笑容去迎接困难。钟爱东在当厂长的时候就经常与周围的农民接触，知道养殖水产有赚头，看准这一点，她拿出了仅有的2000元“压箱底钱”，又东奔西走借了些款，一咬牙承包了200亩低洼田，资金不够，就赚一分投入一分，滚动式周转。几年下来，天天“泡”鱼塘、搞

技术，200亩低洼田变成了水产养殖地。钟爱东说，那时照看鱼塘就是她全部的生活了。她每天早上都要花一个小时绕池塘走上几圈。

钟爱东没想到，生活中的第二次打击来得这么快。那一天，是钟爱东伤心的日子。一场大洪水淹没了她刚刚兴旺的鱼塘。站在堤坝上，看着不断上涨的洪水一点点吞没了鱼塘，钟爱东绝望地回了家。“哪里跌倒就从哪里爬起来。”钟爱东说，这是当时丈夫说的唯一的话，倔强的她这次没有流泪。洪水过后，她开始带着工人挖塘、养苗，引进新技术、新鱼种，被洪水湮灭的鱼塘一点点“回来”了。

钟爱东成了远近闻名的“鱼王”，鱼塘越做越大，还办起了企业。多年的艰难经营，“养鱼为生”的钟爱东对技术情有独钟：一个没有创新、没有新产品的企业，就像脱水的鱼。

钟爱东有个温暖的四口之家，她说，在最困难的时候，家人的支持成了她的精神支柱。“当初好多次想到放弃，是他们帮我挺过了难关。”屡经磨难，钟爱东说最重要的是要学会如何看待失败，“下岗、失败都不用怕，路是自己走出来的，认定目标走下去，一定会成功。”

生命，有起有落，有悲有喜，起伏不定，但是太阳却依然明亮，月亮仍然美丽，星星依旧闪烁……一切的一切仍旧是那么和谐，而生命，依然会有着更美丽的色彩，亟待我们去开发。明天，总是美好的，只要我们有心，只要我们在艰难中咬紧牙关，我们就能够在痛苦中盼来新一轮的朝阳。

青春加油站

> 生活中难免有痛苦和失落，但是我们不能总是用悲观的心去对待生活，而应该在艰难中给自己一点希望，让自己坚强起来，再苦也要笑一笑。

不要为了错过太阳而痛苦，美丽的月亮正升起

生活中，我们往往看到的只是事物的一个侧面，这个侧面让人痛苦，但痛苦却可以转化。蚌因身体嵌入砂粒，伤口的刺激使它不断分泌物质来疗伤，如此，就出现一颗晶莹的珍珠。哪颗珍珠不是由痛苦孕育而成？可见，任何不幸、失败，都有可能成为我们的财富。

1900前，在意大利的庞贝古城里，有一个叫莉蒂雅的卖花女孩。她自小双目失明，但并不自怨自艾，也没有垂头丧气把自己

关在家里，而是像常人一样靠劳动自食其力。

不久，一场毁灭性的灾难降临到了庞贝城。没有任何预兆的维苏威火山突然爆发，数亿吨的火山灰和灼热的岩浆顷刻间把庞贝城给吞没了。

整座城市被笼罩在浓烟和尘埃中，漆黑如无星的午夜。惊慌失措的居民跌来碰去寻找出路，却无法找到。许多人来不及逃脱，被活活埋葬；有些人设法躲入地窖，但因熔岩和火山灰层的覆盖而窒息，也没有幸免，城中2万多居民大部分逃到了别处，但仍有2千多人遇难。由于盲女莉蒂雅这些年走街串巷地卖花，她的不幸这时反而成了她的大幸。她靠着自己的触觉和听觉找到了生路，而且还救了许多人。残疾，成为她的财富。

生活中谁都难免遭遇挫折，只要你树立信心，继续努力，生活中，肯定会有“柳暗花明又一村”的新景象。

西娅在维伦公司担任高级主管，待遇优厚。很长一段时间，她都为到底去什么地方度假而烦恼。但是情况很快就变得糟糕起来。为了应对激烈的竞争，公司开始裁员，而西娅则是被裁掉的一员。那一年，她43岁。

“我在学校一直表现不错！”她对好友墨菲说，“但没有哪一项特别突出。后来，我开始从事市场销售。在30岁的时候，我加入了那家大公司，担任高级主管。”

“我以为一切都会很好，但在我43岁的时候，我失业了。那感觉就像有人给了我鼻子一拳。”她接着说，“简直糟糕透了。”

西娅似乎又回到了那段灰暗的日子，语气也沉重了许多。但是，不久她凭借自己的优势找到了工作，两年后，她已经拥有了自己的咨询公司。

“被裁员是一件糟糕的事情，但那绝对不是地狱。也许，对你自己来说，可能还是一个改变命运的机会，比如现在的我。重要的是如何看待，我记得那句名言，世界上没有失败，只有暂时的不成功。”西娅真诚地对墨菲说。

在人的一生中，每个人都不能保证事业上能够一帆风顺。很多人刚刚步入社会，自身的经验、才能都尚在成长之中，加上社会上竞争激烈，各个用人单位对人才的要求不尽相同，这期间面试遭淘汰，或者工作不适被辞退，这都是很正常的事情。你不必为此感到屈辱，耿耿于怀。

世界充满了就业的机遇，也充满了被淘汰的可能。被淘汰不一定是坏事，也许这正是上帝在以另一种方式告诉你：你未尽其才，你需要寻找更适合你发展的空间。

青春加油站

> 世界充满了就业的机遇，也充满了被淘汰的可能。被淘汰不一定是坏事，也许这正是上帝在以另一种方式告诉你：你未尽其才，你需要寻找更适合你发展的空间。

让心中的抱怨工厂关门大吉

杯子里只有半杯水了，一个人看见了会说：“唉，只有半杯水了。”而另一个则说：“啊，还有半杯水呢！”这就是对待事物的不同心态。前者是抱怨而悲观的，而后者是感恩而乐观的。我们应该养成积极的心态，确信天黑透了，就能够看见星星，而不是去抱怨没有太阳，因为太阳绝不会听到你的抱怨。

1972 年，新加坡旅游局给总统李光耀打了一份报告，大意是说，新加坡不像埃及有金字塔，不像中国有长城，不像日本有富士山，不像夏威夷有十几米高的海浪。除了一年四季直射的阳光，什么名胜古迹都没有，要发展旅游事业，实在是巧妇难为无米之炊。

李光耀看过报告，非常气愤。据说，他在报告上批示了这么一行字：你想让上帝给我们多少东西？阳光，阳光就够了！

后来，新加坡利用那一年四季直射的阳光种花植草，在很短的时间里，发展成为世界上著名的“花园城市”，连续多年，旅游收入列亚洲第三位。

与旅游局长心存抱怨形成鲜明对照的是，李光耀总理心存感谢。即使是一缕阳光，那也是上天的恩赐，新加坡正是抓住了阳光，做大了阳光产业，从而发展成为亚洲“四小龙”之一。一个国家如此，一个人也应如此，一定要心怀感恩：对自己的生活充满感激，对自己的家人充满感激，对自己的朋友充满感激。

有的人会对工作抱怨，诸如今天又遇到比较烦的事、比较难沟通的客户，但如果你换个角度想想，假如你把比较烦的事情都做好了，比较难沟通的客户给协调好了，那说明你的服务水平又提高了，你又有进步了。如果你用积极乐观的心态去做事，相信从此你会多一分快乐，少一分抱怨。

不知感恩是一种严重的职业癌症，会严重阻碍职业发展，甚至会把自己毁掉。得了这种癌症的患者的症状是：不是千方百计想办法战胜困难，而是不停地指责、埋怨。

在一次某企业的招聘中有两个年轻人脱颖而出，最后主考官单独面见了他们，问了他们同一个问题：“你觉得以前你工作的那个公司怎么样？”

一个面试者抱怨说："糟透了，同事们整天不干正事，主管的水平实在太低！真难以想象我在那里是怎么度过了两年的！"

另外一个面试者却说："虽然我原来工作的是一家很小的公司，管理也不是很规范，不过在我工作的那段时间里，学到了不少的东西。正因如此，我现在才有勇气坐在这里。我很感激原来工作的公司。"

最后被录取的，毫无疑问，当然是后者！

不知感恩，缺乏感恩心态，失去免疫能力会导致一个人的情感变得麻木；对人对事缺乏热情与认真；工作、生活懈怠，渐渐蜕化成冷漠无情的动物。不懂感恩的人，他们的存在价值大打折扣。

我们或许有时会感叹自己的工作平淡无味，有时会觉得自己的生活琐碎繁重，有时会气馁，但其实只要我们用一种感恩的眼光去看待生活，就会发现我们的人生中充满了快乐和幸福，只是我们一直都被悲观遮住了眼睛。

一生一世，都是恩惠。我们应该把拥有的一切看成是"天上掉的馅饼"，没有一个快乐的人不深爱自己的生活，没有一个幸福的人不懂得感恩。一个不懂感恩的人，抱怨自己生活和工作现状的人，必定不善于利用手中的资源，也无法发掘现有的价值优势。

所以，只有关闭心中的抱怨"工厂"，建造心中的感恩"花园"，你的生活才会实现神奇的改变。从现在开始，每天抽出一点时间，为自己目前所拥有的一切而感恩，为自己的生活而感谢吧。

青春加油站

> 只有关闭心中的抱怨“工厂”，建造心中的感恩“花园”，你的生活才会实现神奇的改变。从现在开始，每天抽出一点时间，为自己目前所拥有的一切而感恩，为自己的生活而感谢吧。

别为了一棵树而浪费生命

一个边远的山区里，有两户人家的空地上长着一棵枝繁叶茂的银杏树。秋天的时候，银杏果成熟了就会落在地上。孩子们捡回一些，却都不敢吃，因为人们都认为银杏果有毒。

这棵树不知道是属于两户人家中的哪户，这样的日子过了许多年。

有一年，其中一户人家的主人去了一趟城里，才知道银杏果可以卖钱。于是，他摘了一袋背到城里，换回一大沓花花绿绿的钞票。

银杏果可以换钱的消息不胫而走。于是，另一户人家的主人上门要求两家均分那些钱。但是，他的要求被拒绝了。情急之下，他找出土地证，结果发现这棵银杏树划在他家的界线内。于是，他再次要求对方交出银杏果的钱，因为这棵银杏树是他家的。对方当然不会认输，他也开始寻找证据，结果从一位老人处得知，这棵银杏树是他曾祖父当年种下的。

两家争执不下，谁也不肯让步，于是反目成仇。乡里也不能判断这棵树究竟应该属于谁，一个有土地证，白纸黑字，合理合法；一个有证人证言，前人栽树后人乘凉，理所当然。

于是，两人起诉到法院。法院也为难，建议庭外调解。两人都不同意，他们认为这棵银杏树本应属于自己，凭什么要和别人共享呢？案子便拖了下来。他们年年为这棵银杏树吵架，甚至大打出手。

这事就这样延续了 10 年。10 年后，一条公路穿村而过，两户人家拆迁，银杏树也被砍倒了，这场历时 10 年的纠纷才画上了句号。奇怪的是，当时两户人家谁也不要那棵树，因为树干是空的，只能当柴烧。

为了一棵树，他们竟然斗了 10 年！ 3000 多个本来可以快快乐乐的日子，难道不比一棵树重要？用来争执的时间精力，去种一片银杏林都可以了。仔细想想真的很可怕：有时候，一个人为了得到某种东西，往往会失去比这种东西重要得多的东西。那么，你呢？你是否也在为了一些不重要的东西而浪费宝贵的时间？

每个人都会努力追求一些自己以为很重要的东西，并为之付出了艰辛的努力，放弃了快乐、健康、爱情、友情。而等到真正得到它的时候，却发现它已经不是那么重要了。

就好比爬山，当你爬到一个高度的时候，发现原来自己是如此渺小，但你觉得或许高处还有更好的风景，然后你继续挣扎，再爬，再挣扎，如此反复，到自己爬不动了为止。然后忽然回头，却发现山下的人过着很快乐的生活，山顶却一片荒凉和单调，高处不胜寒，想再回去，已经不可能了。

人之所以有痛苦，就是因为你追求错误的或者对你而言不重要的东西。如果我们只是忙忙碌碌地追求而无视身边的美好，那么幸福也会远离我们。所以不妨静下来想想，什么才是你人生中真正重要的东西。

青春加油站

有时候我们应冷静地问问自己：我们在追求什么？我们活着为了什么？如果我们只是忙忙碌碌地追求而无视身边的美好，那么幸福也会远离我们。

上帝给谁的都一样多

欧洲国家一位著名的女高音歌唱家，仅仅30岁就已经誉满全球，令许多人羡慕。一次，她到外地举办独唱音乐会，入场券早在半年以前就被抢购一空，当晚的演出也空前成功。演出结束后，她和丈夫、儿子从剧场里走出来的时候，被早已等候在那里的观众和记者团团围住，人们争着与歌唱家攀谈，多是赞美和仰慕之辞。

有的人羡慕她大学刚毕业就开始走红，进入了国家级的歌剧院；有的人恭维她 27 岁就成为世界十大女高音歌唱家之一；也有人赞美她有个腰缠万贯的丈夫，还有个脸上总带着微笑的儿子……

她默默地听着，没有任何表示。当她等人们把话说完以后，才缓缓地说：“谢谢大家对我和我的家人的赞美，我希望在这些方面能够和你们共享快乐。但是，你们看到的只是一个方面，还有一个方面你们没有看到，这就是受到你们夸奖的我的儿子。不幸的是，他是一个不会说话的哑巴。他还有一个姐姐，是一个常年被关在铁窗房间里的精神分裂症患者。”说完，高音歌唱家一脸平静。

人们听了她的话，都震惊得说不出来话，面面相觑，一时间都无法接受这个事实。见此情景，歌唱家心平气和地说道：“这一切说明了什么呢？这一切说明了一个道理——上帝给谁的都一样多。”

听完她的话，人们陷入了认真的思考之中。是啊，上帝给谁的都一样多。只要我们用心观察，我们就会发现，上帝给了人甜美的嗓音，却很难再给人圆满的幸福。没给你美丽的脸蛋，却会给你智慧的头脑。给了你欢聚的美好，也会给你分别的痛苦。左撇子虽然不便，但却比常人在创造力方面更有优势。上天不能把人造得十全十美，任何人也不是一无是处的。这样的世界，才是真实的，才是多姿多彩的。

地球是圆的，有太阳照射的光明，但也有太阳照不到的阴影！看到别人的光辉，也要看到光辉背后的影子；看到自己的困境，也要看到自己在颠簸过程中的成长。

所以，你要从现在开始，微笑着面对生活，不要抱怨生活给了你太多的磨难，不要抱怨生活中有太多的曲折，更不要抱怨生活中的不公。因为，生命中的每个挫折、每个伤痛、每个打击，都自有它的意义。要知道，大海如果缺少了巨浪的汹涌，就会失去其雄浑；沙漠如果缺少了飞沙的狂舞，就会失去其壮观；生活如果都是两点一线般的笔直，就会如白开水一样平淡无味。只有酸甜苦辣咸五味俱全才是生活的全部，只有悲喜哀痛七情六欲全部经历才算是完整的人生……

耶稣死去的那天是世界上最悲痛的日子，但三天后就是复活节——世界上最快乐的日子！所以，永远要记得，上天是公平的。

青春加油站

> 上天给沙漠披上了一层黄沙，但那只是礼物的包装。因为下面有着世界上最大的宝藏——石油。

别摔倒在熟悉的路上

野兔是一种十分聪明的动物，缺乏经验的猎手很难捕获到它们。但是一到下雪天，野兔的末日就到了。因为野兔从来不敢走没有自己脚印的路，当它从窝中出来觅食时，它总是小心翼翼的，一有风吹草动就会逃之夭夭。但走过一段路后，如果是安全的，它也会按照原路返回。猎人就是根据野兔的这一特性，只要找到野兔在雪地上留下的脚印，然后做一个机关，第二天早上就可以去收获猎物了。

兔子的致命缺点就是太相信自己走过的路了。许多时候，我们不是跌倒在自己的缺陷上，而是跌倒在自己的优势上。因为缺陷常常给我们以提醒，让我们小心翼翼，而优势和经验却常常使我们忘乎所以，麻痹大意。

三个旅行者早上出门时，一个旅行者带了一把伞，另一个旅

行者拿了一根拐杖，第三个旅行者什么也没有带。

晚上归来，拿伞的旅行者淋得浑身湿透，拿拐杖的旅行者跌得满身是伤，而第三个旅行者却安然无恙。前两个旅行者很纳闷，问第三个旅行者：“你怎会没事呢？”

第三个旅行者没有正面回答，而是问拿伞的旅行者：“你为什么会淋湿而没有摔伤呢？”

拿伞的旅行者说：“当大雨来到的时候，我因为有了伞，就大胆地在雨中走，却不知怎么淋湿了；当我走在泥泞坎坷的路上时，因为没有拐杖，所以走得非常仔细，专拣平稳的地方走，所以没有摔伤。”

然后，他又问拿拐杖的旅行者：“你为什么没有淋湿而摔伤了呢？”

拿拐杖的说：“当大雨来临的时候，我因为没有带雨伞，便拣能躲雨的地方走，所以没有淋湿；当我走在泥泞坎坷的路上时，我便用拐杖拄着走，也不知道怎么搞的就摔了好几跤。”

第三个旅行者听后笑笑说："为什么你们拿伞的淋湿了，拿拐杖的跌伤了，而我却安然无恙？这就是原因。当大雨来时我躲着走，当路不好时我非常小心，所以我没有淋湿也没有跌伤。你们的失误就在于你们有凭借的优势，自以为有了优势便可大意。"

从上面的故事，我们可以知道，优势不但靠不住，有时候反而还会起反作用。相比之下，经验有时也是靠不住的。

许多人喜欢登山这项运动，因为可以挑战自己，挑战极限。当人们把自己的足迹留在山顶上的时候，一种征服的成就感就会油然而生。登山的过程中时刻伴随着危险，这是勇敢者的运动。但是只靠勇敢是不够的，还需要力量、细心等多种因素。在登山运动中，攀登雪山更是危险。

在亚洲，著名的喜马拉雅山每年都会迎来许多勇气可嘉的人来征服它。

有一年，一个登山队来到了这里。在他们准备好了食品、药品及其他登山器材，即将上山的时候，一位专家提醒他们说："多带几根钢针，燃气炉的喷嘴在严寒的状况下极易堵塞，只有钢针能够解决这个问题。不要小看了这根钢针，如果燃气炉堵塞的话，就意味着全队的生命将要受到威胁。"

遗憾的是没有人听专家的话，因为按照经验，他们认为带一根钢针就够了，何必再多此一举呢！

到半山腰的时候，燃气炉真的堵塞了。带着钢针的人把钢针拿了出来，但是天气太冷，钢针变得很脆，他一不小心把钢针弄断了——全队的饮食从此就断绝了。最后，登山队没有一个人从山上走下来。

经验确实很重要，但不要只相信经验，完全凭自己的经验办事。经验不足或是经验过多都会导致失败，造成无法挽回的损失。

有的时候，优势是靠不住的，经验是会欺骗人的。所以要相信事实，多做准备，绝不能偏信所谓的经验，更不能依赖自己的优势。能正确看待自己的优势、懂得如何利用经验的人，才是真正的智者。

青春加油站

> 许多时候，我们不是跌倒在自己的缺陷上，而是跌倒在自己的优势和经验上。

设身处地，换位思考

圣诞节到了，一位母亲在圣诞节带着5岁的儿子去买礼物。大街上回响着圣诞赞歌，橱窗里装饰着彩灯，可爱的小精灵载歌载舞，商店里五光十色的玩具应有尽有。

“来，宝宝，看，多漂亮的圣诞夜景啊！”母亲对儿子说道，然而儿子却紧拽着她的衣角，呜呜地哭出声来。

“怎么了？宝贝，要是总哭个没完，圣诞老人可就不到咱们这儿来啦！”

“我……我的鞋带开了……”

母亲不得不在人行道上蹲下身来，为儿子系好鞋带。母亲无意中抬起头来，啊，怎么什么都没有？——没有绚丽的彩灯，没有迷人的橱窗，没有圣诞礼物，也没有装饰华丽的餐桌……原来那些东西都太高了，孩子什么也看不见。出现在孩子视野里的只是一双双粗大的鞋和妇人们低低的裙摆，在街上互相摩擦、碰撞、摇曳……

这位母亲第一次从 5 岁儿子目光的高度观察世界，她感到非常震惊，立刻起身把儿子抱了起来……从此这位母亲牢记，再也不要把自己以为的“快乐”强加给儿子。“站在孩子的立场上看待问题”，母亲通过自己的亲身体会认识到了这一点。

其实，不仅一位好母亲需要站在孩子的立场上看待问题，每个人都需要站在他人的角度看问题。只有换位思考、将心比心，才能够真正了解他人的所思所想。

在生活中，我们决不要轻易地将自己的喜好、逻辑强加于他人，站在不同的角度看风景，各有各的感受，冷暖自知。能站在他人的角度看问题，多为他人着想的人，总是能赢得人们的喜爱和尊重。其实，学会体谅他人并不难，只要你认真地站在对方的角度和立场看问题。

有一次，戴尔·卡耐基在报上刊登了聘请一位秘书的广告。大约有三百封求职信涌来，内容几乎是一样的："我看到周日早报上的广告，我希望应征这个职位，我今年二十几岁……"只有一位女士特别聪明，她并没有谈到她所想争取的，她谈的是卡耐基需要什么条件。她的信函是这样的："敬启者：您所刊登的广告可能已引来两三百封回函，而我相信您一定很忙碌，没有时间一一阅读，因此，您只需拨个电话……我很乐意过来帮忙整理信件，以节省您宝贵的时间。我有 15 年的秘书经验……"

卡耐基一收到这封信，真是欣喜若狂。他立即打电话请她前来。卡耐基说，像她那样的人，永远不用担心找工作。

真诚地从他人的角度看事情，就是遇事要先设身处地地站在别人的立场和处境思考问题，了解他人的观点和感受，体察和认知他人的情绪和情感。这里所讲的"他人"，可以包括任何与你相处、打交道的人，如你的父母、领导、同事、朋友、顾客等。

有个超级富豪，年轻的时候却是个一无所有的流浪汉。这个青年随着淘金大军来到了西部一个偏僻的小镇，得到了镇长的热情接待。

这时候正是春雨绵绵的时候，镇长门前的小路一片泥泞。路过的人们为图方便，都从镇长门前的花圃里穿过，花圃里的花草被踩得乱七八糟。青年非常生气，正要上前去劝阻人们别走花圃。这时候只见镇长挑了一担煤渣过来，马上就把泥泞不堪的路铺好。

于是人们都自觉地从更干净方便的大路上行走，没人再从花圃绕行了。

这时候，镇长拍了拍青年的肩膀，意味深长地说道：“看到了吧，年轻人，关照别人就是关照自己啊！”

青年顿然醒悟，他铭记着镇长的话，凡事多从他人的角度考虑，终于成为一代石油大王。这个流浪汉，就是洛克菲勒。

所以，当我们和别人相处的时候，应该从别人的角度考虑，设身处地地为别人着想。

青春加油站

每个人都需要站在他人的角度看问题。只有换位思考、将心比心，才能够真正了解他人的所思所想。

战胜内心的恐惧

一个年轻人离开故乡，开始为自己的前途打拼。他动身的第一站，是去拜访本族的族长，请求指点。老族长正在练字，他听说本族有位后辈开始踏上人生的旅途，就写了 3 个字：不要怕。然后抬起头来，望着年轻人说："孩子，人生的秘诀只有 6 个字，今天先告诉你 3 个，供你半生受用。"

30 年后，这个当年的年轻人已是人到中年，有了一些成就，也添了很多伤心事。归程漫漫，到了家乡，他又去拜访那位族长。他到了族长家里，才知道老人家几年前已经去世，家人取出一个密封的信封对他说："这是族长生前留给你的，他说有一天你会再来。"还乡的游子这才想起来，30 年前他在这里听到人生的一半秘诀，拆开信封，里面赫然又是 3 个大字：不要悔。

中年以前不要怕，中年以后不要悔。这就是人生的秘诀。勇气和胆量，使我们不论在追求异性，建立婚姻家庭，取得学业上的进步，面对经济的困境，寻求事业的突破，或在获取我们的财富之时，都不会被莫名的恐惧所阻碍。成功的人物，都一定会战胜恐惧，对自己的信念一往无前，排除万难。

相由心生。其实，很多时候恐惧都是我们自己强加给自己的。

半夜里，佳佳要上厕所，一个人爬起来下床去，走到卧室门口，开门看了看，又折回来，客厅里太黑，她害怕了。

妈妈说："宝贝，别害怕，鼓起勇气。"

"勇气是什么？"佳佳跑到妈妈的床前问。

"就是勇敢的气。"妈妈回答。

"妈妈，你有勇气吗？"佳佳好奇地问。

"我当然有！"妈妈笑了。

佳佳就伸出她的小手来："妈妈，那你把你的勇敢的气给我吹点吧。"

妈妈对着她的冰冷小手儿吹了两口，佳佳紧张兮兮地忙攥紧拳头，生怕"勇敢的气"跑掉了。然后，她就攥紧拳头，大踏步地走出了卧室，上厕所去了。

这个世界根本就没有什么"勇敢的气"，只有无所畏惧的强大的心。其实，很多时候，我们害怕的不是别的，而是自己内心凭空生出的恐惧。我们战胜的也不是别的，正是自己。只要你真正面对恐惧，那么你就能战胜它。

一句歌词说得好："我收藏恐惧爱上恐惧那就再没有恐惧。"日常生活中克服恐惧的最好方法是：开诚布公地交谈。通过不断地问自己"为什么"来找原因，就可以消除恐惧和烦恼。只要你能勇敢地、自信地面对恐惧，就一定会战胜它。

怎样才能克服恐惧心理呢？恐惧心理可以通过自我调适和训练来克服。具体方法如下：

（1）把能引起你紧张、恐惧的各种情况，由轻到重依次列成一张表（越具体越好），分别抄到不同的卡片上，把最不令你恐惧的情况放在最前面，把最令你恐惧的放在最后面，卡片按顺序依次排列好。

（2）进行放松训练。坐在一个舒服的座位上，有规律地深呼吸，让全身放松。进入松弛状态后，拿出上述系列卡片的第一张，想象上面的情景，想象得越逼真越好。

（3）如果你觉得紧张和害怕，就停止想象，做深呼吸使自己放松。等到完全放松后，重新想象刚才失败的情景。若不安和紧张再次发生，就再停止后放松，如此反复，直至卡片上的情景不会再使你不安和紧张为止。

（4）按同样方法继续下一个更使你恐惧的情景（下一张卡片）。注意，每进入下一张卡片的想象，都要以你在想象上一张卡片时不再感到不安和紧张为标准，否则，不得进入下一个阶段。

（5）当你想象最令你恐惧的情景也不感到害怕时，便可再按由轻至重的顺序进行现场锻炼，若在现场出现不安和紧张让自己做深呼吸放松来调整，直到不再恐惧为止。

要真正戒除内心的恐惧，唯有增强自己的自信，寻求内心的安宁，才是最好的方法！

青春加油站

其实，很多时候恐惧都是我们自己强加给自己的。

改变不了环境，就改变自己

托尔斯泰说："世界上只有两种人：一种是观望者，一种是行动者。大多数人都想改变这个世界，但没人想改变自己。"要改变现状，就得改变自己。要改变自己，就要改变自己的观念。一切成就，都是从正确的观念开始的。一连串的失败，也都是从错误的观念开始。要适应社会，适应变化，就要改变自己。

哥伦布发现美洲大陆后，欧洲不断向美洲移民。为了得到足够的食物，欧洲人在美洲大量种植苹果树。但是在19世纪中期，美国的苹果大面积减产，原因是出现了一种新的害虫——苹果蛆蝇。

刚开始，人们以为害虫是被从欧洲带过来的。后来经过研究发现，苹果蛆蝇是由当地一种叫山楂蝇的变化而来的。由于苹果树的大量种植，许多本地的山楂树被砍掉了，以山楂为生的山楂蝇为了适应这种情况，改变了自己的生活习性，开始以苹果为食物。在不到100年的时间里，山楂蝇进化成了一种新害虫。

山楂蝇为了适应环境，竟不惜改变自己的习性。生物适应环境的能力令人可敬可叹，那么人又该如何适应环境呢？

一个黑人小孩在他父亲的葡萄酒厂看守橡木桶。每天早上，他用抹布将一个个木桶擦拭干净，然后一排排整齐地摆放好。令

他生气的是，往往一夜之间，风就把他排列整齐的木桶吹得东倒西歪。

小男孩很委屈地哭了。父亲摸着男孩的头说："孩子，别伤心，我们可以想办法去征服风。"

于是小男孩擦干了眼泪坐在木桶边想啊想啊，想了半天终于想出了一个办法。他去井边挑来一桶一桶的清水，然后把它们倒进那些空空的橡木桶里，然后他就忐忑不安地回家睡觉了。

第二天，天刚蒙蒙亮，小男孩就匆匆爬了起来，他跑到放桶的地方一看，那些橡木桶一个个排列得整整齐齐，没有一个被风吹倒的，也没有一个被风吹歪的。小男孩高兴地笑了，他对父亲说："要想木桶不被风吹倒，就要加重木桶的重量。"男孩的父亲赞许地微笑了。

是的，我们可能改变不了风，改变不了这个世界和社会上的许多东西，但是我们可以改变自己，给自己加重，这样我们就可以适应变化，不被打败。

青春加油站

> 我们不能改变世界，但我们能改变自己，用爱心和智慧来面对这一切。

在绝境中，我们才能认识真正的自己

父亲狄克携着儿子布莱克在山间漫游，借着山水中的灵秀之气，父亲不断地给布莱克在智慧及灵性上予以开导。

突然，布莱克一声惊叫，指着远方急切地喊道："爸爸，您看——"

老狄克一眼望去，看到一只恶狼正全力追着一只仓皇而逃的兔子。

小布莱克当下便问道："爸爸，要不要救那只兔子？我看它跑得好可怜。"

老狄克笑了笑，说："不急，我出个题目：你猜，这只恶狼能不能追上那只兔子呢？"

小布莱克想了想，回答道："应该很快就追上了吧！"

老狄克正色道："不对，恶狼追不上兔子。"

小布莱克诧异地问："为什么？"

狄克慈祥地说："那是因为恶狼所在乎的，不过只是一顿午餐，追不上兔子它可以转而再捕食其他的东西。但是对兔子而言，那就大大不同了，它若是被恶狼追上，自己的性命也就完了。当然兔子会用全部力量来逃命。所以我说，恶狼追不上兔子！你看吧——”

小布莱克转身一看，果然如父亲所说的，狼与兔子之间的距离愈来愈远。到最后，恶狼终于放弃追兔子，转过头去，再另寻其他的食物。

小布莱克在佩服父亲的真知灼见之余，又想到一个问题：“爸爸，照这么说来，恶狼明知永远追不上兔子，那么一开始，它又为什么想要去追兔子呢？”

老狄克摸着小布莱克的头，说：“也不能说恶狼永远追不上兔子，只要狼群一起行动，兔子跑得再快，还是逃不出它们的围捕。也许那只恶狼在开始追兔子时，也希望能遇上伙伴的支援吧！”

青春加油站

在古希腊的一座神庙上刻着这样的神谕：“认识你自己！”我们本身就是一个取之不尽的宝藏。当你不断攻克各个难关、创造奇迹时，你会发现你本身就是一个奇迹！在追求更好的雕琢过程中，我们才能一步一步接近最好。生命的追求、生命的意义就在这一步一步的超越自己中得到了升华！

第四章

你要配得上自己所受的苦

大海上没有不带伤的船

痛苦、失败和挫折是人生必须经历的。受挫一次，对生活的理解加深一层；失误一次，对人生的领悟便增添一级；磨难一次，对成功的内涵便更透彻一点。从这个意义上说，想获得成功和幸福，想过得快乐和充实，首先就得真正领悟失败、挫折和痛苦。

英国一个保险公司曾经从拍卖市场上买下一艘船，这艘船原来属于荷兰一个船舶公司，它 1894 年下水，在大西洋上曾 138 次遭遇冰山，116 次触礁，13 次失火，207 次被风暴折断桅杆，但是却从来没有沉没过。

根据英国《泰晤士报》报道，截止到 1987 年，已经有 1200 多万人次参观了这艘船，仅参观者的留言就有 170 多本。在留言本上，留得最多的一条就是——在大海上航行没有不带伤的船。

在大海上航行没有不带伤的船，我们在生活中同样不可能会一帆风顺，难免会有伤痛和挫折。失败和挫折其实本来就是人生不可或缺的一部分。失败和痛苦是上帝与人们的一种沟通方式，好让你知道自己为何失败。迈向成功的转折点，通常是由失败或挫折所决定的。

追求成功的过程中一定充满挫折与失败。你不打败它们，它们就会打败你。任何人在到达成功之前，没有不遭遇失败的。每一个成功的故事背后都有无数失败的故事。伟大的发明家爱迪生在经历了一万多次失败后才发明了灯泡，而沙克也是在试用了无数介质之后，才培养出了小儿麻痹疫苗。约翰·克里斯在出版第一本书之前，曾写过 564 本其他书，并遭到了 1000 多次的退稿，但他并没有灰心放弃，终于在第 565 本书获得了成功，成为英国著名的多产作家。

所以，接受失败，正确对待失败，危机就能成为转机，总会有云开雾散的一天。失误其实也是一种特殊的教育、一种宝贵的经验，换个角度去面对它，可能会有意想不到的收获。

在行业圈子里，流传着宝洁公司的这样一个规定：如果员工三个月没有犯错误，就会被视为不合格员工。对此，宝洁公司全球董事长白波先生的解释是：那说明他什么也没干。

人的一生不可能一帆风顺。挫折失败，是人生中必不可少的。只有经过挫折的考验，人才能展翅高飞，走向成熟。

青春加油站

> 失败和痛苦是上帝与人们的一种沟通方式，好让你知道自己为何失败。

挫折是成功的入场券

我们每个人都会遇到各种挑战、各种机会、各种挫折，你抗挫折的能力，决定了你未来的命运。成功不是一个海港，而是一次埋伏着许多危险的旅程，人生的赌注就是在这次旅程中要做个赢家，成功永远属于不怕失败的人。

有一个博学的人遇见上帝，他生气地问上帝："我是个博学的人，为什么你不给我成名的机会呢？"上帝无奈地回答："你虽然博学，但样样都只尝试了一点儿，不够深入，用什么去成名呢？"

那个人听后便开始苦练钢琴，后来虽然弹得一手好琴却还是没有出名。他又去问上帝："上帝啊！我已经精通了钢琴，为什么您还不给我机会让我出名呢？"

上帝摇摇头说："并不是我不给你机会，而是你抓不住机会。第一次我暗中帮助你去参加钢琴比赛，你缺乏信心，第二次缺乏勇气，又怎么能怪我呢？"

那人听完上帝的话，又苦练数年，建立了自信心，并且鼓足了勇气去参加比赛。他弹得非常出色，却由于裁判的不公正而被别人夺走了成名的机会。

那个人心灰意冷地对上帝说："上帝，这一次我已经尽力了，看来上天注定，我不会出名了。"上帝微笑着对他说："其实你已经快成功了，只需最后一跃。”

“最后一跃？”他瞪大了双眼。

上帝点点头说：“你已经得到了成功的入场券——挫折。现在你得到了它，成功便成为挫折给你的礼物。”

这一次那个人牢牢记住上帝的话，他果然成功了。

如果将幸福、欢乐比作太阳。那么，不幸、失败、挫折就可以比作月亮。人不能只企求永远在阳光下生活，在生活中从没有失败和挫折是不现实的。挫折是成功的入场券，能使人走向成熟，取得成就，但也可能破坏信心，让人丧失斗志。对于挫折，关键在于你怎么看待。

山里住着一家猎户。父亲是个老猎手，在山里闯荡了几十年，猎获野物无数，走山路如履平地，从未出过事。然而有一天，因下雨路滑，他不小心跌落山崖。

两个儿子把父亲抬回了破旧的家，他已经快不行了，弥留之际，他指着墙上挂着的两根绳子，断断续续地对两个儿子说：“你们两个，一人一根。”话还没说完就咽了气。

掩埋了父亲，兄弟二人继续打猎生活。然而，猎物越来越少，有时出去一天连个野兔都打不回来，俩人的日子艰难地维持着。一天，弟弟与哥哥商量：“咱们干点别的吧！”哥哥不同意：“咱家祖祖辈辈都是打猎的，还是本本分分地干老本行吧。”

弟弟没听哥哥的话，拿上父亲留给他的那根绳子走了。他先是砍柴，用绳子捆起来背到山外换几个钱。后来他发现，山里一种漫山遍野的野花很受山外人喜欢，且价钱很高。从此，他不再砍柴，而是每天背一捆野花到山外卖。几年下来，他盖起了自己的新房子。

哥哥依旧住在那间破旧的老屋里，还是干着打猎的营生。由于常常打不到猎物，生活越来越拮据，他整天愁眉苦脸，唉声叹气。一天，弟弟来看哥哥，发现他已经用父亲留给他的那根绳子吊死在房梁上。

如果给你一根绳子，你当如何？

青春加油站

挫折是成功的入场券。得到了它，成功便成为挫折给你的礼物。

痛苦是通往天堂的梯子

在这个世界上，没有人喜欢痛苦。然而，人生就是痛苦和幸福的综合体，每一个人都摆脱不了痛苦。痛苦是一种折磨，同时又是一种力量。舒适、悠闲远不如坎坷与磨难更能锻炼人，更能发挥人的长处。痛苦造就人的禀赋，痛苦也磨炼人的禀赋，痛苦更能教人靠耐心和韧劲，从苦难之海中顽强跋涉出来。

生物学家发现，飞蛾在由蛹变成幼虫时，翅膀萎缩，十分柔软；在破茧而出时，必须要经过一番痛苦的挣扎，身体中的体液才能流到翅膀上去，翅膀才能坚韧有力，才能支持它在空中飞翔。

一天，有个小孩凑巧看到一棵小树上有一只茧在蠕动，好像有飞蛾要从里面破茧而出。小孩觉得很好奇，于是他饶有兴趣地停下来，准备见识一下由蛹变飞蛾的过程。

但随着时间一点点过去，飞蛾在茧里奋力挣扎，但却一直不能挣脱茧的束缚，似乎是再也不可能破茧而出了。小孩子变得不耐烦了，心想：我干脆帮它个忙吧。于是，他就用一把小剪刀，把茧上的丝剪开，让飞蛾摆脱束缚容易一些。果然，不一会儿，飞蛾就从茧里很容易地爬了出来，但是它身体非常臃肿，翅膀

也异常萎缩，耷拉在两边伸展不起来。

小孩想看着飞蛾飞起来，但那只飞蛾却只是跌跌撞撞地爬着，怎么也飞不起来，又过了一会儿，它就死了。

不经历痛苦的洗礼，飞蛾脆弱不堪。人生没有痛苦，就会不堪一击。正是因为经历了痛苦，所以成功才那么美丽动人；因为经历了灾患，所以欢乐才那么令人喜悦；因为经历了饥饿，所以佳肴才变得那么美味。正是因为有痛苦的存在，才越能激发我们人生的力量，能使我们的意志更加坚强。

在报纸上有这么一则新闻：美国巴拉马州有一个12岁的小男孩，他的名字叫杰森，在他10岁的时候患了脑癌，已经动过三次大手术并进行了数十次化疗。主治医生认为他的病情不容乐观，但是杰森却勇敢面对绝症。他喜欢画画，即使在病床上，他也坚持作画，他的作品曾经数次获得全国大奖。为了在生前开第一次也许是最后一次个人画展，他每天都抽出4个小时绘画。他说："我一定要坚持活下去。贝多芬不是在耳聋后，仍创作出美妙的《月光曲》吗？"

经过多次化疗后，杰森的视力持续衰退，耳朵开始溃烂，但是他的画展依然如期开幕了。杰森因为手术无法亲临现场，只能请一位同学代念了一封他写的信。他在信中是这么说的："我会好起来的，我相信我一定会好起来的。痛苦虽然很可怕，但我现在已经学会习惯它了。正是痛苦让我知道了人生的宝贵，我将努力珍惜以后的时光。"

勇敢的杰森已开过三次刀，都是直接在脑袋上开的。他在第三次手术时，主动要求不要麻醉药，因为癌症带来的痛苦远超过开刀的痛苦。

坚强的杰森，不由得让人肃然起敬。人，一旦超越了痛苦，痛苦就不再是牵绊，而是一种伟大的力量。

痛苦，是一把成长的钥匙，让你迅速成长；

痛苦，是飞翔的翅膀，让你更接近梦想；

痛苦，是人生的催化剂，让你更有力量；

痛苦，是一扇通往智慧的门，将人带入心灵的殿堂；

痛苦，是一个炼钢的火炉，让你更加刚强；

……

痛苦是一架梯子，对于强者来说，它通向成功的殿堂；对于弱者来说，它则通向黑暗的地狱。

高尔基一生历经坎坷，吃了不少苦，也收获了不少人生阅历，充实的人生经历为他的成就打下了基础。回顾往事的时候，高尔基说道："一个人如果没有他吃不了的苦，那么就没有他做不成的事情。"人如果能正视苦难，是一种人生的豪迈。善待苦难，苦中作乐，是一种人生的乐趣！

青春加油站

痛苦是一架梯子，对于强者来说，它通向成功的殿堂；对于弱者来说，它则通向黑暗的地狱。

失败是一种人生财富

有一次，古埃及国王举行盛大的国宴，厨工在厨房里忙得不可开交。一名小厨工不慎将一盆羊油打翻，吓得他急忙用手把混有羊油的炭灰捧起来往外扔。扔完后去洗手，他发现双手滑溜溜的，特别干净。小厨工发现这个秘密后，悄悄地把扔掉的炭灰捡回来，供大家使用。后来，国王发现厨工们的手和脸都变得洁白干净，便好奇地询问原因。小厨工便把事情的经过告诉了国王。国王试了试，效果非常好。很快，这个发现便在全国推广开来，并且传到希腊、罗马。没多久，有人根据这个原理研制出流行全世界的肥皂。

错误，绝对没有想象中那么可怕，它其实是一种特殊的教育、一种宝贵的经验。有时候，错误中往往孕育着机会。换个角度去面对错误，可能是另一个更圆满的成果。

2002 年 10 月 10 日，一条消息在全球迅速传播开来——日本一位小职员荣获了 2002 年诺贝尔化学奖。一位小职员居然也获得如此大奖？没错，他就是日本一家生命科学研究所的田中。

他不是科学界的泰斗，也非学术界的精英，他甚至不是优等生，大学时还留过级；他找工作时未通过面试而被索尼公司拒之门外，后经老师的极力推荐才有机会走进现在的这家研究所。他是那样的平凡，获奖前，就连同事都不知道有田中这个人。当他接到获奖通知时，他还以为是谁在跟他开玩笑呢。

面对众多记者的追问，田中笑着说：“说来惭愧，一次失败却创造了让世界震惊的发明……”

事实的确如此。当时，田中的工作是利用各种材料测量蛋白质的质量。有一次，他不小心把丙三醇倒入钴中，他没有立即推翻重来，而是将错就错对其进行观察，于是意外地发现了可以异常吸收激光的物质，为以后震惊世界的发明“对生物大分子的质谱分析法”奠定了成功的基础。

失败在悲观者眼里是灾难，在乐观者眼里却是一次改正的机会。有失败的痛苦，才有成功的欢乐；有失败的考验，才有做人的成熟。勾践被夫差打败后，卧薪尝胆十年才一雪前耻；史蒂芬孙发明的第一辆火车又笨又慢，经过无数次改良，终于成功；爱迪生在经历过几千次的失败后，才得出炭丝才是当时最佳的灯丝的结论；诺贝尔也是在经历了多次失败，在自己险些丧命的情况下才研制出 TNT 炸药。所以，失败也是一种财富，因为通过它又一次磨炼了你自己，完善了自我，又一次体味到坚韧的宝贵价值。

青春加油站

一个人经历的失败越多，他的经验就越丰富，做人就越成熟，能力也就越强。

羞辱是人生的一门必修课

20世纪80年代，年逾古稀的曹禺已是海内外声名鼎盛的戏剧作家。有一次，美国同行阿瑟·米勒应约来京执导新剧本，作为老朋友的曹禺特地邀请他到家做客。

吃午饭时，曹禺突然从书架上拿来一本装帧讲究的册子，上面裱着画家黄永玉写给他的一封信，曹禺逐字逐句地把它念给阿瑟·米勒和在场的朋友们听。

这是一封措辞严厉且不讲情面的信，信中这样写道："我不喜欢你解放后的戏，一个也不喜欢。你的心不在戏剧里，你失去伟大的灵通宝玉，你为地位所误！命题不巩固、不缜密、演绎分析也不够透彻，过去数不尽的精妙休止符、节拍、冷热快慢的安排，那一箩筐的隽语都消失了……"

阿瑟·米勒后来详细描述了自己当时的迷茫："这信对曹禺的批评，用字不多却相当激烈，还夹杂着明显羞辱的味道。然而曹禺念着信的时候神情激动。我真不明白曹禺恭恭敬敬地把这封信裱在专册里，现在又把它用感激的语气念给我听时，他是怎么想的。"

阿瑟·米勒的不理解是可以理解的。毕竟把别人羞辱自己的信件装裱起来，并且满怀感激地念给他人听，这样的行为太过罕见，很难让人接受。但阿瑟·米勒不知道的是，在这种“傻气”的举动中，透露的是曹禺对“羞辱”的真诚的感激。这种“羞辱”对他而言是一笔鞭策自己的宝贵财富，所以他要当众感谢这一次“羞辱”。

生活永远源源不断地在制造羞辱，这是永恒的命题，没有人能一生不遭到羞辱，但是比这更重要的是你的态度。有人一辈子被羞辱淹没，自暴自弃；而有些人则因羞辱而奋发，成就一番功名，这才是人生的强者。

战国时期的政治家苏秦，早年一直得不到赏识。一次去秦国游说失败后，苏秦落魄到了极点，回家还遭到全家人的白眼。妻子不从织机上下来迎接，嫂子不给他做饭，父母不跟他说话，还说了不少讽刺话，苏秦非常伤心。但面对这样的打击和羞辱，苏秦既不怨天，也不尤人，只是重重地叹了口气：“妻子不把我当丈夫，嫂子不认我这个小叔子，父母不把我当儿子，都是我的过错啊。”从此以后他闭门自学，头悬梁，锥刺骨，刻苦读书。

后来，苏秦身佩六国相印，再次回家的时候，他家人听说苏秦要回来，把路扫得干干净净，准备了丰盛的酒宴，特地赶到洛阳城外30里的地方，跪着迎接他。妻子不敢正眼看他，侧着耳朵听他说话。嫂子更是匍匐在地像蛇那样爬行，行四拜大礼跪地谢罪。父母更是嘘寒问暖，热情得不得了。苏秦看到这情景，前后对比，不由百感交集地说："唉！同是一个苏秦，穷困的时候，没人理睬，父母也不把我当儿子，妻子不把我当丈夫看待。如今我居官富贵，他们都来捧我，如此奉承于我。"

心胸狭窄者把羞辱变成心理包袱，而豁达乐观者则会把它看作是"激励"的别名。所以，你应该感谢人生道路上的羞辱：是它刺激你用执着战胜了自己内心深处的失败感。感谢羞辱，你的斗志和毅力才能得以升华；感谢羞辱，你才能从羞辱中了解自身的短处与缺陷；感谢羞辱，你才能用羞辱激励完善自我……羞辱是人生道路上一种伟大的力量，它能击溃弱者，更能成就强者，曹禺就是最好的佐证。

所以，当你遭遇羞辱的时候，任何的反击都是疲软无力的。你只有通过加倍的努力获得成功，才是对羞辱最有效的反击。当你功成名就时，你就会明白，原来羞辱是人生的一门必修课。

青春加油站

羞辱是人生道路上一种伟大的力量，它能击溃弱者，更能成就强者。

困境，有时候反而是机遇

一天，狮子来到了天神面前："我很感谢你赐给我如此雄壮威武的体格、如此强大无比的力气，让我有足够的能力统治整座森林。"

天神听了，微笑着问："但是这不是你今天来找我的目的吧！看起来你似乎被某事困扰着呢！"

狮子轻轻吼了一声，说："天神真是了解我啊！我今天来的确是有事相求。因为尽管我是百兽之王，但是每天天亮的时候，我总是会被鸡叫声给吵醒。神啊！请求您，不要让鸡在天亮时叫了！"

天神摊了摊手，无奈地说道："你去找大象吧，它会给你一个满意的答复的。"

狮子跑到湖边找到大象，看到大象正在气呼呼地直跺脚。

狮子问大象："你干嘛发这么大的脾气？"

大象拼命摇晃着大耳朵，吼着："有只讨厌的小蚊子，钻进我的耳朵里，我都快痒死了。"

狮子离开了大象，心里暗自想着："原来体型这么巨大的大象，还会怕那么瘦小的蚊子，那我还有什么好抱怨的呢。毕竟鸡叫也不过一天一次，而蚊子却是无时无刻地骚扰着大象。这样想来，我可比他幸运多了。”

狮子一边回头看着暴躁的大象，一边想：“谁都会遇上麻烦事，但只要看看别人，这点麻烦就算不上什么了。以后只要鸡一叫，我就当作是鸡在提醒我该起床了，对我还有好处呢。天神要我来看看大象的情况，应该就是想告诉我：只要想开了，困境就不再是困境，而是机遇了。”

一个障碍，就是一个新的已知条件，只要愿意，任何一个障碍，都会成为一个超越自我的契机。所以，困境有时候反而是一个机遇。

生活中，有些人只要碰上一些不顺心的事，就会习惯性地抱怨上天亏待他们，希望老天赐给他们更多的力量和幸运，帮助他们渡过难关。但实际上，老天是最公平的，就像它对狮子和大象一样，每个困境都有其存在的正面价值。

有一个 10 岁的小男孩儿，在一次车祸中失去了左臂，但是他很想学柔道。

最终，小男孩拜柔道大师做了师父，开始学习柔道。他学得不错，可是练了 3 个月，柔道大师只教了他一招，小男孩有点弄不懂了。

他终于忍不住问师父：“我是不是应该再学学其他招数？”

柔道大师回答说：“不错，你的确只会一招，但你只需要会这一招就够了。”小男孩虽然不是很明白，但他很相信师父，于是就继续照着练了下去。

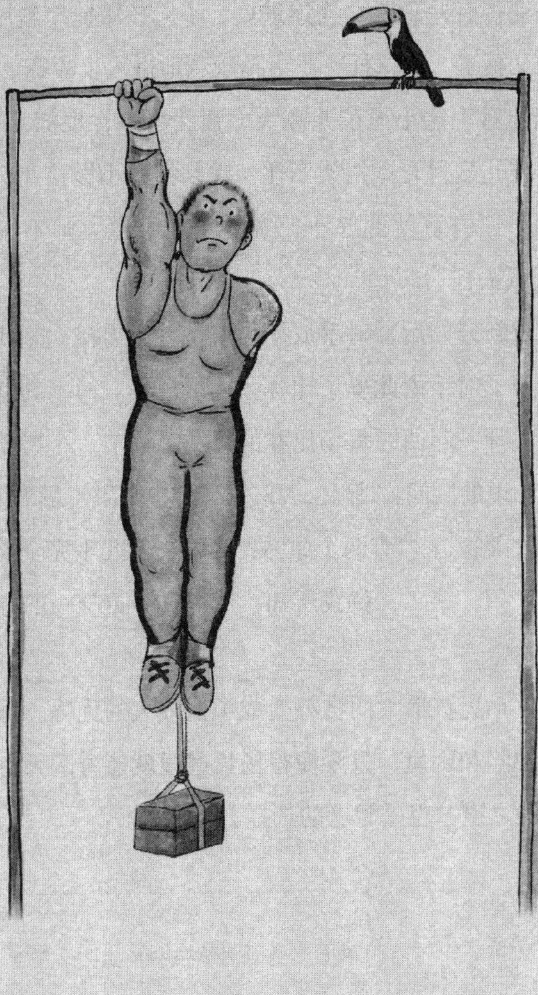

几个月后师父第一次带小男孩去参加比赛。小男孩自己都没有想到居然轻轻松松地赢了前两轮。第三轮稍稍有点艰难，但对手很快就变得有些急躁，连连进攻，小男孩敏捷地施展出自己的那一招，又赢了。就这样，小男孩顺利地进入了决赛。

决赛的对手比小男孩儿高大、强壮得多，也似乎更有经验。一度小男孩儿显得有点招架不住，裁判担心小男孩儿会受伤，就叫了暂停，还打算就此终止比赛，然而柔道大师不答应，坚持说："继续下去！"

比赛重新开始后，对手放松了戒备，小男孩立刻使出他的那一招，制服了对手由此赢了比赛，得了冠军。回家的路上，小男孩和柔道大师一起回顾每场比赛的每一个细节，小男孩儿鼓起勇气道出了心里的疑问："师父，我怎么就凭一招就赢得了冠军？"

柔道大师答道："有两个原因：第一，你几乎完全掌握了柔道中最难的一招；第二，就我所知，对付这一招唯一的办法是对手抓住你的左臂。"

所以，小男孩最大的劣势变成了他最大的优势。世界上无所谓绝对的缺陷和困境，只要懂得扬长避短就能海阔天空。这才是真正的取胜之道，也是智者的选择。

青春加油站

世界上无绝对的缺陷和弱点，只要懂得扬长避短就能海阔天空。

打开人生的另一扇门

强子家里有一只盛水的瓦罐，用了十多年，父亲一直舍不得扔掉。一次，强子倒开水，一不小心把瓦罐摔在地上，瓦罐被摔出了一条长长的裂缝。强子想，这下父亲该把瓦罐扔掉了吧。可父亲没有，而是把它好好地搁起来了，说以后也许能派上用场。

过了一段时间，父亲在阳台上养了很多盆花，其中有一盆花长得特别艳丽。强子一看花盆，正是那只有裂缝的瓦罐。父亲见他疑惑不解的样子，就说："瓦罐有了裂缝，不能用来盛水，但用来养花最合适。花盆里的雨水一旦多了，水就会顺着裂缝自动地渗透出来，使花盆不致于积水，花也就有了一个良好的生长环境，所以长出来的花也就比其他的更美丽了。"

如果你在生活中不幸遭遇了失误或者挫折，千万别"破罐子破摔"，只要你灵活运用，扬长避短，发挥你的能力，生命之花照样可以盛开。

人生的道路有很多条，当一条路不通的时候，你不要丧气，因为你可以尝试其他的道路。上帝总是在给我们关上一扇门的同时，又会为我们开启另外一扇，只要我们用心地去找寻，就一定会找到属于自己的出路。

这一天，49 岁的伯尼·马库斯像往常一样，提着公文包去公司上班。在 20 多年的职业生涯中，他勤勤恳恳，兢兢业业，才做到今天职业经理人的位置上，其中充满了艰辛困苦。他只要再这样工作 11 年，就可以安安稳稳地拿到退休金了。可是，他万万没有想到，这将是他在公司工作的最后一天。

“你被解雇了！”

“为什么？我犯了什么错？”他惊讶地问。

“不，你没有过错，公司发展不景气，董事会决定裁员，仅此而已。”

是的，仅此而已。他在一夜之间，从一名受人尊敬的公司经理成了一名在街上流浪的失业者。同所有的失业者一样，繁重的家庭开支迫使伯尼·马库斯必须找到生活来源。那段日子，他常常去洛杉矶一家街头咖啡店，一坐就是几小时，化解内心的痛苦、迷茫和巨大的精神压力。

有一天，他遇到了自己的老朋友——和他一样，同是经理人现在也同样遭到解雇的亚瑟·布兰克。两个人互相安慰，一起寻求解决的办法。

“为什么我们不自己创一家公司呢？”

这个念头像火苗一样，在伯尼·马库斯心中一闪，点燃了压抑在他心中的激情和梦想。于是两个人就在这家咖啡店里，策划建立新的家居仓储公司，两位失业的经理人为企业制定了一份发展规划和一个“拥有最低价格，最优选择，最好服务”的制胜理念，并制定出了使这一优秀理念在企业发展中得以成功实践的一套管理制度，然后，就开始着手创办企业。时值1978年春天。

这，就是美国家居仓储公司。仅仅20多年的时间就发展成拥有775家分店，16万名员工，年销售额300亿美元的世界500强企业，成为全球零售业发展史上的一个奇迹。这个奇迹始于20年前的一句话：你被解雇了！

是的，“你被解雇了”是我们每个人在人生旅途中最不愿听到的一句话，但正是这句话，改变了伯尼·马库斯和亚瑟·布兰克两个人的一生。如果不是被解雇，他们无论如何也不会跻身世界500强！如果不是被解雇，他们现在只是靠每月领退休金度日的老人。

人生是一次长途旅行，当一扇门关上了，你千万不要把自己也关在里面。因为世界上不止一扇门，一定还有另外的门，你要做的就是去寻找并打开另一扇门！

青春加油站

> 人生哪里有死结，想通了才发现，人生不过就是：饥米餐，渴米饮，倦米眠。

发现你人生中的“兔子”

电视台曾经播过一个农民养殖致富的故事。北方农民张有庆先是种苹果树，种苹果树在当时被公认是农民致富的主要出路。张有庆便买来优质树苗种在几十亩地里，为了便于看护管理，他还在果树园四周垒起了围墙。可种苹果的人太多，一窝蜂地上，两三年后果树挂果，当年认为的摇钱树，成了农民们的伤心树。苹果价贱，挂在树上也没有人愿意去摘，因为摘果卖的钱还不够付摘果人的工资。许多人开始绝望地砍树。

果子不能赚钱，全家人的希望全部落空了。不但一家人几年的心血白费，一去不复返的还有买树苗、买化肥、买农药和垒围墙的钱。这些钱可都是贷款，现在也就无法归还。更令人气愤的是，张有庆套种在果园中的小麦苗都被野兔吃了，就连自己家吃粮还得去市场上买。围墙四周到处都是野兔打的洞。

张有庆欠的债，有些是银行的，有些是亲戚朋友的，每天都有来讨债的。真是走投无路呀，他彻底绝望了。

绝望的张有庆准备悬梁自尽在给他带来灾难的果园里。张有庆已绑好了绳子，准备告别这个世界。抬头却看见离自己几米之外，几只野兔跳来跳去。这些使他走上绝路的东西此刻竟然还在他面前肆无忌惮，悠然自得地吃着小麦苗，张有庆气极了，迅速关上门，开始在院子里打兔子。可能是野兔太多了，一会儿就打了一大筐。打下的兔子实在吃不完，便拿到集市上去卖。

因为是野兔，城里的餐馆争着要。野兔比家兔值钱，一斤竟然卖到 12 元。从集市上回来的路上，张有庆寻思，为什么不可以养野兔卖钱呢？

回到家里，张有庆便把围墙上所有的野兔洞堵上，利用围墙内现有的兔子，开始养殖野兔。反正野兔遍地都是，不需要花大价钱去引种，只需要每天到集市上拣些菜叶或去割些青草。

从此，果园成了野兔们的伊甸园。野兔的繁殖能力远远超出了人们的想象力，仅一两个月工夫，围墙内的野兔们已是数代同堂。何况野兔有先天的基因优势，不像家兔，容易得病，动不动会成群死亡。张有庆除了喂一些青菜青草，便万事无忧，每天做的事情就是捉兔子送到定点的餐馆去卖钱。

没多久，张有庆成了远近闻名的野兔养殖户，就连野兔的粪便也被人花大价钱买去做肥料。几年工夫，他就还清了所有建果园的欠款，过上了别人羡慕的富裕生活。

这个故事虽然有些喜剧性，但却很有哲理。在生命的旅途中，我们常常遭遇各种挫折和失败。当你一个人在人生低谷中徘徊，感觉自己支持不下去的时候，其实往往就是黎明的前夜。只要坚持下去，你人生的兔子，在这时候往往就会出现。如果那天没有发现兔子，很难讲张有庆的境遇将会如何。

所以，很多事往往并不像当事人想象的那么悲观。灾难背后，往往隐藏着机会。关键是，你能否发现给你带来机遇的“兔子”。

青春加油站

> 塞翁失马，焉知非福。灾难背后，往往隐藏着机会。

缺憾也许就是幸运

因为公司在内蒙古包头蓄电池厂揽下一笔业务，沈雷等 6 人被指派前往那里施工。活刚刚干了两个多月，由于北方气温降低，不便施工，所有的工程只好停工，等到第二年开春后再重新动工。按照公司规定，6 个人应该乘火车返回，但其中有个人提议坐飞机回去，因为可以趁机开开眼界。几个人都没坐过飞机，大家一致赞同这个建议。

当天，几个人就结伴去购买了第三天上午 8 时 20 分从包头飞往上海的机票。沈雷因为走得匆忙，将身份证遗落在家中，所以没能购到机票，只好改乘第二天由包头开往上海的火车。去买机票的路上，大家还嘲笑沈雷没有坐飞机的福气。看着几个同伴兴奋的样子，沈雷懊悔不已：身份证为什么不带在身上呢！

但是，后来发生的一切让沈雷不再为自己的疏忽而懊悔。

5 个伙伴乘坐的从包头飞往上海的客机，刚起飞 10 秒就坠入距机场不远的南海公园，撞在了公园大门的售票厅上，机上 53 人全部罹难。

报纸上登了一张沈雷向记者展示车票的照片。照片上，沈雷的未婚妻一直站在他身旁，紧紧地挽着沈雷的手臂。

人的一生中，在有意无意之间会错过许多，也许是一个重要的机会，也许是一趟回家的火车，也许是一个等待中的电话，也许是一次重要的约会，或者是一段美好的爱情……但你不必为此而抱怨和叹息——错过了漂亮，你还拥有健康；错过了智慧，你还拥有善良；错过了财富，你还拥有自由……说不定哪一天你会忽然发觉：错过了，反而是一种幸运，就像太阳错过乌云，换来的是光芒四射。“塞翁失马，焉知非福”，说的就是这个道理。

一个国王有 7 个女儿，这 7 位公主个个都美若天仙，是国王的骄傲，特别是她们那一头乌黑亮丽的长发，更是远近闻名。好马配好鞍，国王也没含糊，送给她们每人 10 个漂亮的发夹。

有一天早上，大公主醒来，一如往常地用发夹整理她的秀发，却发现少了一个发夹，怎么也找不到了。于是，她偷偷地到了二公主的房里，拿走了一个发夹。

二公主发现少了一个发夹，便到三公主房里拿走一个发夹；

三公主发现少了一个发夹，也偷偷地拿走四公主的一个发夹；

四公主如法炮制拿走了五公主的发夹；

五公主一样拿走六公主的发夹，六公主只好拿走七公主的发夹。于是，七公主的发夹只剩下9个。

隔天，邻国英俊潇洒的王子忽然来到皇宫，他对国王说："昨天我养的百灵鸟叼回了一个非常漂亮的发夹，我想这一定是属于公主们的。这真是一种奇妙的缘分，不知道是哪位公主掉了发夹呢？"

公主们听到了这件事，恨不得马上说："是我掉的，是我掉的。"但头上明明完整地别着10个发夹，所以都懊恼得很。

这时候，七公主走出来说："我掉了一个发夹。"一抬头，一头漂亮的长发因为少了一个发夹，全部披散了下来，

王子不由得看呆了，他觉得这是他见过的最美丽的女子，当场就向公主求婚。从此，王子与公主一起过着幸福快乐的日子。

为什么一有缺憾就想方设法去弥补呢？10个发夹，就像是完美圆满的人生，少了一个发夹，这个圆满就有了缺憾；但正因缺憾，未来就有了无限的转机，这何尝不是一件值得高兴的事呢！据说，印度洋地震海啸灾难死亡总人数已超过14万，但是有一对英国夫妇却因为迟到而幸免于难。

人生不如意，十之八九。每当你遭遇缺憾的时候，请记住：车到山前必有路，我们永远有路可以走，缺憾也许就是转机。

青春加油站

错过，有时候反而是一种幸运。

没有绝对的好事，也没有绝对的坏事

从前，有一个很会治理国家的国王，他有一个非常聪明的丞相，每当国家有什么重要大事的时候，他都会谦虚地向丞相请教，但无论国王问什么事情，这个丞相总爱说“好”。这令国王非常生气，他要找个理由治治丞相的这个毛病。

有一次，国王在打猎的时候，不小心被猎刀斩断了一截拇指，他连忙问丞相：“我的拇指被斩断了一截，好不好？”丞相不假思索地回答：“好！国王陛下。”这个回答使国王满腔怒火，他以落井下石为罪名将丞相关了起来，并问丞相：“现在你被关在牢房里了，好不好？”丞相毫不犹豫地回答：“好！”国王说：“既然你觉得好，便在牢房里多住几天吧！”

过了两天，国王又想外出打猎了，他不想释放这个倔强的丞相，只好一个人单独出发了。没有熟悉地形的丞相做伴，国王很快迷了路，并且掉进了一个捕捉动物的陷阱里。

这个陷阱是当地的一个食人族部落挖的。当天晚上，食人族的几名大汉把赤身裸体的国王绑在了一个十字架上，然后将周围堆满了木材，准备吃烤人肉。一名巫师引导着众人举行了祭礼，他把清水喷到国王身上，逐步检查他身体的各个部位。当他检查到国王的手指时，这个巫师开始摇头叹息。检查完毕，巫师向酋长报告说："我们族人只吃完整的动物，这个人断了一根指头，是个不祥之物，我们不能吃他。"酋长不得已，只好放了国王。

国王白白捡回了一条命，非常激动，回去后第一件事情就是到监牢里看望丞相。他流着泪说："现在我明白了你为什么说我的断指是件好事，它救回了我一条命，我错怪了你。"稍后，国王又心有不甘地问丞相，"我把你关在牢里十多天，好不好呢？"

丞相回答："好，很好！"

"为什么呢？"国王问。

"我尊敬的陛下，如果您不抓我进监牢，我一定会陪同您去打猎，我们会一起被食人族抓走，您可以因为断指而保全性命，但我必死无疑，因为我很完整呀！"

国王听后，顿觉茅塞顿开：每件事都有它的两面性，好和坏是随时可以转换的呀。

青春加油站

没有绝对的好事，也没有绝对的坏事，生活的意义就是不断品味、不断琢磨。

第五章

与其讨好全世界，不如强大自己

你就是自己的救世主

人生总会面临困境，要摆脱难堪的窘境，还得靠自己。

有个小孩一直很怕蜘蛛。父亲问他为什么怕蜘蛛，他说："蜘蛛太难看了，所以我怕。"仔细推敲这句话，你会得出这样的结论：蜘蛛太难看了，让我害怕。是蜘蛛的问题，不是我的问题。我是没办法的。

父亲又问："是不是所有人都怕蜘蛛？"

"不是。你就不怕。我有一个同学也不怕。"

父亲再问："同一个蜘蛛，有人怕有人不怕，那么是由谁决定怕不怕呢？"

儿子想了想，回答："是人决定的。"

父亲问了最后一个问题："那你有什么决定呢？"

"哦……"儿子的表情舒展开来，"那蜘蛛没什么好怕的了。"

我们在工作中、生活中总会遇到这样那样的"蜘蛛"(困难、挫折)，是恐惧、害怕、厌恶、逃避，还是从容面对，选择决定权在你！因为，你就是你自己的救世主。

1947年，美孚石油公司董事长贝里奇到开普敦巡视工作。一次，在卫生间里，看到一位黑人小伙子正跪在地板上擦水渍，并且每擦一下，就虔诚地叩一下头。贝里奇感到很奇怪，问他为何如此，黑人答，在感谢一位救世主。贝里奇很为自己的下属公司拥有这样的员工感到欣慰，问他为何要感谢那位救世主，黑人说，是救世主帮着他找了这份工作，让他终于有了饭吃。贝里奇笑了，说："我曾遇到一位救世主，他使我成了美孚石油公司的董事长，你愿见他一下吗？"黑人说："我是个孤儿，从小靠教会养大，我很想报答养育过我的人，这位救世主若使我吃饭之后还有余钱，我愿去拜访他。"贝里奇说："你一定知道，南非有一座很有名的山，叫大温特胡克山。据我所知，那山上住着一位救世主，能为人指点迷津，凡是能遇到他的人都会前程似锦。20年前，我来南非登上过那座山，正巧遇到他，并得到他的指点。假如你愿意去拜访，我可以向你的经理说情，准你一个月的假。"

这位年轻的黑人在30天时间里，一路披荆斩棘，风餐露宿，过草甸，穿森林，历尽艰辛，终于登上了白雪覆盖的大温特胡克山。他在山顶徘徊了一天，除了自己，什么也没有遇到。黑人小伙子很失望地回来了，他遇到贝利奇后，说的第一句话是："董事长先生，一路我处处留意。直到山顶，除我之外，根本没有什么救世主。"

贝利奇说："你说得很对，除你之外，根本没有什么救世主。"

20年后，这位黑人小伙子做了美孚石油公司开普敦分公司的总经理。他的名字叫贾姆纳。2000年，世界经济论坛大会在上海召开，他作为美孚公司的代表参加了大会。在一次记者招待会上，针对他的传奇一生，他说了这么一句话：“你发现自己的那一天，就是你遇到救世主的时候。”

所以，当你遭遇困境的时候，你不妨想想这句话：“这个世界没有什么救世主，除了我们自己。”

青春加油站

> 这个世界没有什么救世主，除了我们自己。

要有主见，做事的是你自己

有一个女人怀孕了，她已经生了八个孩子，其中有三个耳朵聋了，两个眼睛瞎了，一个弱智，而这个女人自己又有梅毒。

当时有许多好心人劝她堕胎，让她不要生下那孩子。可她还是坚持要生下孩子。现在想来，我们真要感谢那位英雄的母亲，她没有听信别人的议论和劝说。那个女人就是贝多芬的母亲，那个怀着的孩子就是贝多芬。由此可见，面对一切，都不能轻易地下结论。

当今社会，纷繁复杂。所以没有主见随波逐流的人，是永远不会取得成就的。要想获得成功，就应该凡事不随大流，要有自己的主见。

巴尔扎克若不坚定自己的作家梦，便不会有《人间喜剧》的诞生；达尔文若不坚持自己的主见，从事生物研究，便不会有进化论的面世……总而言之，没有自己的主见，便不能做自己的主人，更不能成就一番自己的事业。

为人处世要有主见，是众所周知的道理。但真能做到事事均有自己的主见，不为他人言行所左右，却非易事。

苏格拉底的学生曾经向他请教如何才能保持自我。苏格拉底让大家坐下来，他用拇指和中指捏起一个苹果，慢慢地从每个同学的座位旁边走过，一边走一边说：“请同学们集中注意力，注意嗅空气中的气味。”

然后，他回到讲台上，把苹果拿起来左右晃了晃，问：“有哪位同学闻到了苹果的味道？”

有一位学生举手站起来回答说：“我闻到了，这个苹果很香！”

“还有哪位同学闻到了？”苏格拉底又问。

学生们你望望我，我看看你，都不作声。

苏格拉底再次走下讲台，举着苹果，慢慢地从每一个学生的座位旁边走过，边走边叮嘱：“请同学们务必集中精力，仔细闻闻空气中的气味。”

回到讲台上，他又问：“大家闻到了苹果的气味了吗？”这次，绝大多数学生都举起了手。

稍停了一会儿，苏格拉底第三次走到学生中间，让每位学生都闻一闻苹果，回到讲台后，他再次提问：“同学们，大家闻到苹果的香味了吗？”

他的话音刚落，除一位学生外，其他学生全部都举起了手。那位没举手的学生左右看了看，慌忙也举起了手。

看到这种情景，苏格拉底笑着问：“大家闻到了什么味儿？”

学生们异口同声地回答：“苹果的香味！”

苏格拉底脸上的笑容不见了，他举着苹果缓缓地说：“非常遗憾，这是一个假苹果，什么味儿也没有。如果不能坚持自己的看法，是没有办法保持自我的。”

苏格拉底的意思非常明白：说话的人是别人，真正做事的却是你自己，没有主见的人永远没有正确的行动。坚持自己的主见，做一个独立的思想者，做一个激情的梦想者，做一个坚定的信仰者，你可能失去一些东西，但你将得到更多。

青春加油站

> 说话的人是别人，真正做事的却是你自己，没有主见的人永远没有正确的行动。

认识你自己，人贵有自知之明

关于“认识你自己”有这么一个故事。

柏拉图的老师苏格拉底在路上碰见斐德诺，就和他走出雅典城门，到伊里苏河边去散步。

伊里苏河中碧波荡漾，岸边高大的梧桐树枝叶葱葱，流水的声音和着蝉儿的歌唱，这美不胜收的自然风景令苏格拉底心旷神怡，一旁的斐德诺非常惊奇，他说：“这是传说中风神玻瑞阿斯掠走美丽的希腊公主俄瑞提娅的地方，你信不信？”

苏格拉底回答道：“我没有功夫做这些研究，我现在还不能做到德尔斐神谕所指示的‘认识你自己’。一个人还不能认识他自己，就忙着研究一些和他不相干的东西，这在我看来是十分可笑的。”

苏格拉底说得对，一个人只有认识他自己，才能做别的。如果一个人连“自己是谁”或“自己是做什么的、什么样的人”都不清楚，要想有所成就也就无从谈起。

“认识你自己”，这句话备受西方人推崇，影响了西方几千年。的确，人类可以探索神秘的宇宙，认知奇妙的万物，却不能正确地认识自己。要想做一番事业，获得成功，你就应该对自己有清晰的认识，知道自己的优缺点，给自己定好位，“得知道自

己是谁”。有一位哲人就说过：“准确定位是开创事业的第一步。”

在水生动物中，螃蟹是横着走路的，河虾倒退着走路。它们怪异的行走方式引来了不少嘲笑和讥讽。一天，敏捷矫健的银鱼嘲笑说：“螃蟹你真笨！横着走路！如果旁边有障碍物你怎么走啊？”聪明的章鱼也插嘴讥讽道：“河虾更傻，向前走多顺啊，可它偏偏倒着走，何时才能到头啊？”螃蟹和河虾听见了，只是淡淡一笑。它们心里知道，选择什么样的行走方式，是根据自己的身体情况决定的。只要有自知之明，了解自己的特点，把握好方向和目标，给自己定好位，横着走或者倒着走，都是一种前进的姿态。

齐庄公乘车出游的时候，在路上看见一只小小的螳螂伸出前臂，准备去阻挡车子的前进，齐庄公不由非常惊讶。车夫就告诉齐庄公：“这种虫子凡是看到对手，就会伸出自己的前臂，想要抵挡对手的进攻，却往往没想过自己的力量有多大，所以经常被车压死。”

这就是成语螳臂当车的由来，以此来比喻那些没有自知之明、不自量力的人。

不自量力，自欺欺人，常常给自己带来危害，有时甚至丢掉性命。相比于可悲的螳螂，历史上许多伟大的人物之所以成功，是由于他们具有可贵的自知之明，在现实世界中找到了属于自己的最佳人生位置，并由此设计和塑造了自己。

巴尔扎克在年轻时办过印刷厂，当过出版商，经营过木材，开采过废弃的银矿，但所有这些都没有取得成功，还弄得自己债台高筑。这不能不说与他缺乏自知之明，不能正确认识自己有关。后来，他终于发现了自己的写作天赋，潜心写书，终于成为一个闻名世界的作家。

认识你自己。要永远记住这句话。因为只有认识了你自己，才会认真反思自己，才能“不以物喜，不以己悲”，采取有效正确的行动，成就你的卓越人生。

青春加油站

一个人只有认识自己，才能开始做别的。

学会表现自己，别做慢游的快艇

一个年轻人对自己久不被重用感到很不解，就慕名去拜访一位很有名的经理，请他指点迷津。经理问年轻人道："你在工作上对自己是如何定位的？"

"我父亲告诉我，做人不能太露锋芒，我认为很有道理。所以在公司里我处处忍让。"年轻人说。

听了他的话，经理没有言语，领着年轻人坐上快艇，然后发动小油门慢慢前行。和他们同时启动的一艘快艇加大马力，似流星般划到他们前面；晚于他们启动的大游船也很快超过了他们，就连一叶双人小扁舟也走在了他们的前面……

一艘大游船赶了上来，船主对他们说："你们的快艇连个小木舟都不如，报废了吧。"

经理扭头笑问年轻人："你说我们的快艇究竟如何？""因为他们不知你没开足马力。"年轻人答道。

"是啊，其实人又何尝不是这样呢？你再有才华，但你不显露，别人不知道，怎么会看重你呢？低调可以，但不能太过了，要学会表现自己。即使你的能力有人知道，但是你畏畏缩缩，人家又怎敢重用你呢？如此，你又怎能快速到达理想的彼岸呢？"

年轻人听了，顿然醒悟，开始在工作中积极表现自己，很快他就被提升为部门经理。

快艇的优势就在于它的速度，如果连速度都掩饰起来，那还能叫快艇吗？所以说，韬光养晦固然有它的优点，但有时候我们更需要学会展现自己、推销自己。

战国的时候，很多有权威的人都供养着一些有才华的人，作为他们的人才库，这些被供养的人被叫作食客，也叫门下客。毛遂就是赵国平原君的食客，在平原君府上已经 3 年了，一直没有得到重用。

这一年，赵王派平原君出使楚国，请求楚国出兵共同抵御秦国。于是平原君决定挑选 20 个能人和自己一起去秦国。可是挑来挑去，只挑出了 19 个，平原君很是发愁。这时候，毛遂请求和平原君一起去楚国。平原君看不起毛遂："你在我这里几年了？"

毛遂回答："3 年了。"

平原君继续说道："有才能的人，就像把锥子放在口袋里一样，锥子尖马上会显现出来的，你在我府上 3 年了，我为何听都没有听说你啊？"

毛遂恳求道："那么，今天就把我放入袋子吧。如果早点进入口袋，我早就刺破口袋脱颖而出，名声在外了！”于是平原君勉强带上了毛遂。

到了楚国后，平原君和带去的19人都没能说服楚王，眼看谈判就进行不下去了，毛遂挺身而出，施展他的口才，终于把楚王说服了。平原君圆满完成了任务，从此重用毛遂。毛遂也就成为我国自我推荐、表现自己的典范。

生活是一连串的推销。我们推销货品，推销一项计划，我们也推销自己。展示自己是一种才华，一种艺术。一个优秀成熟的人，就要懂得在恰当的时候以恰当的方式表现自己，让自己脱颖而出！

青春加油站

生活是一连串的推销。一个优秀成熟的人，就要懂得在恰当的时候以恰当的方式表现自己。

学会给自己减轻压力，释放自己

现在人们说得最多的两个词是什么？忙和累！现代人的生活紧张忙碌，身心疲惫，还承受着巨大的工作压力：生存、升职、裁员、加薪、供房、充电、子女……就连休息的时候都想着一堆事情。一句话，现在的人压力太大，活得太累了。如果压力不能得到及时的宣泄和释放，那么只会越来越重，让你不堪重负，从而严重影响你的生活和工作。

在一个有关处理压力的课堂上，讲师对学生做了一个示范，提出了一个问题。他举起手中的玻璃杯，问台下的听众："你们估计一下玻璃杯内的水有多重？"学生议论纷纷，答案不一，范围由50克到500克不等。讲师说："那些水的实际重量并不重要，重要的是你拿着水杯的时间。如果拿着一分钟，没问题，一点感觉也没有。如果拿着一小时，手臂会疼痛。如果拿着一整天，可能就要去医院了。就算是重量相同，拿在手中的时间越长，就会觉得越来越重。"

人的压力和玻璃杯里的水差不多。如果时常背负很多压力，得不到有效的放松和宣泄，即使压力大小不变，担子也会变得越来越重，最后重到负担不起。因此，要减压就应放下担子休息一下，让自己放松一下，然后再继续努力。

科学研究表明，长期处于压力紧张状态，会使脑细胞加速老化，影响学习记忆力，使你变得更迟钝；也会使皮肤与机体加速老化，比一般人衰老得要快。或许你不同意，不过仔细想想，你会发现，人在紧张状态下，对事物的感觉大部分是既麻木又无聊的。

美国加州大学曾经做过一次调查，结果显示，超过50%的女性和43%的男性表示，愿意牺牲一天的薪水，来多换取一天的假期，他们一直希望多一点个人休闲时间，过更均衡的生活。

试想，带着沉重的压力去行动，怎么能成功？所以我们必须学会给自己减压，轻装上阵。正所谓"兵来将挡，水来土掩"。以下方法你不妨试一试：

（1）目标控制法。很多人会为自己制定不合理的、近乎完美的目标，这样做的结果是无谓地给自己制造压力。事实上，每个人都不是完美的，不管个人多么努力，还是会有不足、失败。所以为自己制定的目标一定要切实可行。

（2）运动宣泄法。研究证明，经常锻炼身体可以减轻压力。你可以跑到楼顶大声呼喊，把心中的不满和郁闷化做声音全部发泄出来。或者做体育运动，让自己大汗淋漓，然后洗个澡睡一觉。值得注意的是，应该选择那些你认为比较有趣的活动，那些你觉得很枯燥的锻炼往往起不到减压的效果。

（3）劳逸结合。要明确分清楚工作和私人生活的界限。工作的时候认真工作，该休息的时候就好好休息，不管自己有多忙，该玩就玩，休息的时候就别老想着工作的事情。

（4）倾诉法。找一个你信任的人，如朋友、亲人、要好的同事，或者心理医生，向对方讲讲自己的心里话。研究证明，把闷在心里的话说给一个乐于倾听你的人听，是一种非常管用的减压方式。当然，歌唱减压、写作治疗等其他方式的倾诉都是流行又有效的心灵疗法。

（5）音乐疗法。听听喜欢的音乐。轻松、欢快的音乐总能把你带到快乐老家，不管心情有多坏，只要听一下自己喜欢的曲子，你就会感受到你那愉快的心跳。当然，如果你能放声高唱出来，你的心情会变得更好。

（6）乐观心理疗法。凡事多往好处想。当你心情不好时，想想同事曾经对你的赞美，想想老板曾经给你的关爱，你的心情一定会平和很多。

（7）计划法。让自己每天的工作有条不紊，井然有序。有秩序的生活会使你每天头脑清醒，心情舒畅。每天上班前先调整状态，然后把自己一天要做的事情按重要性先后列出来。

（8）乐趣释放法。培养一些爱好，给自己找乐趣，做自己喜欢做的事情。最好能够每天给自己一点时间做自己喜欢的事情，或者回忆一些开心的往事，读一些有趣的书籍。

（9）放松技巧法。学习点放松技巧。现在流行的放松技巧很多，如沉思、深呼吸等。大家可以找到相关的资料进行练习，掌握一些放松技巧，这的确有助于减轻压力。有条件或有必要的话，可以就此请教心理医生。

（10）善待宽容法。对自己好点，要善待自己；多点忍耐，宽容别人。很多压力其实是来自于别人，不能容忍别人，很容易导致挫折感和怒火，平添烦恼。正确的做法是，努力去理解别人那样想、那样做的道理。这种思考问题的方式可以帮助你逐渐去接受别人。当然，在理解别人的时候，同样也要接受和宽容自己。

青春加油站

> 如果时常背负很多压力，得不到有效放松和宣泄，即使压力大小不变，担子也会变得越来越重，最后重到负担不起。

走自己的路，不要在意别人的言论

二战时期美国著名将领麦克阿瑟说过：“对于正面的敌人，我总能应付，但是对于背后的阻击，我却不能保护自己。”连麦克阿瑟这样叱咤风云的五星上将都对来自背后的恶意中伤无能为力，流言的杀伤力非同小可。

一知名媒体曾在某地60所中学7820名高中学生中作了调查，调查：“你平时最害怕什么？”结果竟有一半左右的学生（女学生的比例更大）回答说：“最害怕被人背后议论。”“人言可畏”，可见一斑。

“大嘴巴”制造和传播是非，也使你的好人缘功亏一篑。“祸从口出”绝对是个真理，尊重别人，管住自己的嘴巴，少参与是是非非，才是聪明之举。

在这个世界上，有人爱议论长短，有人爱搬弄是非……人生就是如此，充满了各种流言蜚语。所谓“不招人妒是庸才”，谁人背后不说人，谁人背后又不被人说？己所不欲，而施于人，这大概是人的劣根性之一吧！

一个人急匆匆跑到一位智者那里，气喘吁吁地说：“我……有个好消息告诉你……”

“等等，”智者连忙打断了他，“你要说的话，用三个网过滤了吗？”

“三个网？什么三个网？”那人迷惑不解。

“第一个网叫作真实，你要说的事，是真实的吗？”智者问道。

“这，我也不清楚，我……是从路边听来的……”那人回想道。

“那接着，用第二个网过滤一下吧，你的消息，是善意的吗？”智者继续问道。

那人有点迟疑：“这个不是，是

关于别人是非的。”

“最后一道网，既然你这么急着要告诉我事情，那么你要说的事情是很重要的吗？”

“其实也不重要……一点鸡毛蒜皮的事而已。”那人有点不好意思了。

智者断然说道：“既不真实，也不善意，更不重要，那么你还是别说了吧！”

一件事传来传去，到最后一定和原来的事实相差很远。因为讲的人不见得记得全，而听的人又往往会听错，同时传话的人或多或少都会加油添醋，多经过几个人的口和耳，自然就变样了。我们在听到一个消息之后，一定要经过证实才能确信，否则一再地错下去，就变成散播谣言了。

君子坦荡荡，小人长戚戚。的确，一个强者，是为自己的目标而活着；只有弱者，才被周围的是非议论所左右。所以，面对是非议论，还得小心处理。那么，如何处理流言呢？

一是坦荡坦然，处之泰然。人生在世，全然不被人议论，是不可能的。背后议论，就其内容而言，有符合事实的，有不符合事实的；就其动机而言，有善意的，也有恶意的。但不管怎样，都应坦荡对待，为人不做亏心事，半夜不怕鬼敲门。“你说你的话，我做我的事，”这是应有的对待流言的态度。

二是保持自己的原则和本色。背后议论别人，是一种不道德的行为，我们决不能轻信，更不能说三道四，搬弄是非，否则就成为散播流言的小人。所以，面对传言时，一定要有自己的原则和本色，不能让他人左右你的观点和看法。

人的一生都难免会遇上流言，遭到他人不公正的评论和批评时，千万不要像对方一样失去理智，更不要恶语回应，保持沉默是获胜的唯一战术。你越回应，造谣者就越变本加厉，无中生有；你听之任之，流言就自动消沉了。哲人说得好：“棍棒、石头或许会击伤我的肌骨，但语言无法伤害我。”总之，对于流言和议论，可以用一句话应对——“走自己的路，让别人去说吧！”

青春加油站

> 棍棒、石头或许会击伤你的肌骨，但语言无法伤害你。

挖掘自信，超越自卑

十几年前，他从一个仅有20多万人口的北方小城考进了北京的大学。上学的第一天，与他邻桌的女同学第一句话就问他：“你从哪里来？”而这个问题正是他最忌讳的，因为在他的逻辑里，出生于小城，没见过世面，肯定被那些来自大城市的同学瞧不起。很长一段时间，自卑的阴影都占据着他的心灵。

20年前，她也在北京的一所大学里上学。

大部分日子，她也都在疑心、自卑中度过。她疑心同学们会在暗地里嘲笑她，嫌她肥胖的样子太难看。

她不敢穿裙子，不敢上体育课。大学结束的时候，她差点儿毕不了业，不是因为功课太差，而是因为她不敢参加体育长跑测试！她连给老师解释的勇气也没有，茫然不知所措，只能傻乎乎地跟着老师走，老师勉强算她及格。

在后来的一个电视晚会上，她对他说："要是那时候我们是同学，可能是永远不会说话的两个人。你会认为，人家是北京城里的姑娘，怎么会瞧得起我呢？而我则会想，人家长得那么帅，怎么会瞧得上我呢？"

他，现在是中央电视台著名节目主持人，经常对着全国几亿电视观众侃侃而谈，他主持节目给人印象最深的就是从容自信。他的名字叫白岩松。

她，现在也是中央电视台著名节目主持人，而且是第一个完全依靠才气而丝毫没有凭借外貌走上中央电视台主持人岗位的。她的名字叫张越。

原来，他们也会自卑。原来，自卑也是可以彻底摆脱的。

现实生活中，总有人因为某种缺陷或短处而特别自卑，从而影响了他们一生。其实这些所谓的自卑理由都显得十分可笑，比如肥胖、矮小、贫穷……殊不知，没有人是完美无瑕的，拿破仑矮小、林肯丑陋、罗斯福瘫痪、丘吉尔臃肿……缺陷都非常明显而典型，可他们都毫不在意，并没有自卑自弃，反而生活得坦然自在，并在事业上取得了极大的成功。

许多人缺少的不是能力，而是自信的心态。世上只有有独立意识的人才能敲开成功的大门，但是只有自信的人才能冲破一切困难阻碍，来到成功的门前。

基安勒很小的时候便随母亲从意大利来到了美国，在汽车城底特律度过了悲惨的童年，痛苦和自卑成为他的不良印痕。他那碌碌无为的父亲告诉他："认命吧，你将一事无成。"这个说法令他沮丧，他老是想着自己苦闷的前程。

有一天，母亲告诉他："世界上没有谁跟你一样，你是独一无二的。"从此，他燃起了希望之火，他认定他是第一，没人比得上他。自信奠定了成功的基础。

他第一次去应聘时，这家公司的秘书要他的名片，他递上一张黑桃 A。结果立刻得到面试的机会。经理问他："你是黑桃 A？"

"是的。"他说。

"为什么是黑桃 A？"

"因为 A 代表第一，而我刚好是第一。"

这样，他被录用了。

可见，自信是一个人最应具有的品德。莎士比亚说过："对自己都不信任，怎么让别人信任你？"

其实，并不是因为有些事情难以做到，我们才失去自信；而是因为我们失去自信，有些事情才显得难以做到。山姆·史密斯认为，一个人的自信心，可以决定他是否成功。所以，你认为自己是一个什么样的人，就会成为什么样的人。

作家罗曼·罗兰说过，先相信自己，然后别人才会相信你。所以，人自认为自己是怎样一个人比他真正是怎样一个人更为重要，因为每一个人都是按他认为自己是怎样一个人而行动的。自卑正是自认为自己能力不如他人，从而产生自卑感的。

《福布斯》是与《财富》和《商业周刊》并驾齐驱的世界三大经济杂志之一。切里·默克是《福布斯》的总编。有一次，切里·默克宣布编辑部将要解雇一名员工。有位员工实在太担心、太紧张，因为他觉得自己在公司的表现很糟糕，最后忍不住就直接去找切里·默克询问道："大卫，你要解雇的是不是我？"

切里·默克慢悠悠地说："本来我还没有想好是谁，现在还在考虑这件事情。不过，既然你提醒了我，那么就是你了。"于是，那位员工当场就被解雇了。

世界充满了成功的机遇，也充满了失败的可能。所以我们要不断提高应对挫折与干扰的能力，调整自己，增强社会适应力。若每次失败之后都能有所领悟，把每一次失败当作成功的前奏，那么就能化消极为积极，变自卑为自信。

青春加油站

> 自卑的人只有认识自己，挖掘自信，才能化消极为积极。

第六章

要么狠，要么滚：你所谓的稳定，不过是在浪费生命

精业才能立业

“无论从事什么职业，都应该精通它。”这句话应当成为一个高效能人士的座右铭。下决心掌握自己职业领域的所有问题，使自己变得比他人更精通。如果你是工作方面的行家里手，精通自己的全部业务，就能赢得良好的声誉，也就拥有了一种获得成功的秘密武器。

拉马克于1744年8月1日生在法国的毕加底，他是兄弟姐妹11人中最小的一个，也最受父母宠爱。拉马克的父亲希望他长大后当个牧师，送他到神学院读书。

后来，由于德法战争爆发，拉马克当了兵，因病退伍后，他爱上了气象学，想自学当个气象学家，于是整天仰首望着多变的天空。

再后来，拉马克在银行里找到了工作，想当个金融家。

很快，拉马克又爱上了音乐，整天拉小提琴，想成为一个音乐家。

这时，他的一位哥哥劝他当医生，拉马克学医4年，可是对医学没有多大兴趣。

正在这时，24岁的拉马克在植物园散步时遇上了法国著名的思想家、哲学家、文学家卢梭，卢梭很喜欢拉马克，常带他到自己的研究室去。在那里这位“南思北想”的青年深深地被科学迷住了。

从此，拉马克花了整整11年的时间，系统地研究了植物学，写出了名著《法国植物志》。拉马克35岁时，当上了法国植物标本馆的管理员，又花了15年，研究植物学。当拉马克50岁的时候，开始研究动物学。此后，他为动物学花了35年时间。

也就是说，拉马克在24岁以前，虽然做过很多事，但一无所成。从24岁起，他集中精力，目标专一，用了26年时间研究植物学，用35年时间研究动物学，于是，拉马克成了一位著名的博物学家。

每一行都有其苦乐，因此你不必想得太多，关键是要把精力放在工作上，要像海绵一样，广泛吸取这一行业中的各种知识。你可以向同事、主管、前辈请教，还可以吸收各种报章、杂志的信息。另外，专业进修班、讲座、研讨会也都要参加，也就是说，要在你所干的这一行业中全方位地深度发展。假若你学有所精，并在自己的工作中表现出来，你必然会得到老板的青睐。

青春加油站

“无论从事什么职业，都应该精通它。”让这句话成为你的座右铭吧！下决心掌握自己职业领域内的所有问题，使自己变得比他人更精通。如果你是工作方面的行家，精通自己的全部业务，就能赢得良好的声誉，也就拥有了一种获得成功的秘密武器。

拒绝平庸，绝不安于现状

李洋曾经在一家合资企业担任首席财务官。在成为首席财务官之前，他工作非常努力，并取得了出色的成绩。老板非常赏识他，第一年就把他提拔为财务部经理，第二年又提拔他为首席财务官。

当上首席财务官以后，拿着高薪，开着公司配备的专车，住着公司购买的豪宅，李洋的生活品质得到了很大的提升。然而，他的工作热情却一落千丈，他把更多的精力放在了享乐上面。

当朋友问他还有什么追求时，他说："我应该满足了，在这家公司里，我已经到达自己能够到达的顶点了。"李洋认为公司的CEO（首席执行官）是董事长的侄子，自己做CEO是不可能的，能够做到首席财务官就到达顶点了。

他在首席财务官的位置上坐了差不多一年的时间，却没有做出值得一提的业绩。朋友善意地提醒他："应该上进一点了，没有业绩是危险的。"

没想到，李洋竟然说："我是公司的功臣，而且这家公司离不了我李洋，老板不会把我怎么样的！"

他甚至在心里对自己说："高薪永远属于我，车子永远属于我，房子永远属于我，没有人可以夺去，因为没有人可以替代我。"

的确，公司很多工作都离不开李洋。然而，他的糟糕表现，还是让老板动了换人的念头。终于，在一个清晨，李洋开着车，和往日一样来到公司，优越感十足地迈着方步踱进办公室里，第一眼看到的却是一份辞退通知书。

他被辞退了，高薪没了，车子不得不还给公司。而且，他还从舒适的房子里搬了出来，不得不去租一间小得可怜、上厕所都不方便的小套间。

李洋以为自己不可替代，事实上，现在这个社会最不缺的就是人才。就在他被辞退的当天，公司又招聘了一位首席财务官。

事实上，在很多企业里，“功臣”都因为安于现状而失败。这些“功臣”们在失败到来时，常常埋怨老板“不念旧情、忘记过去”，却没有想过，自己只是昨天的“功臣”，而不是今天的。

要避免类似于李洋那样的遭遇，有两点是必须记住的。

第一，努力奋斗，不断改变自己的“现状”。

第二，过去的成绩只能属于过去。不管你是如何功勋卓著，在你不能为企业创造更多价值的时候，你就是一文不值的。老板不可能因为你昨天干得好，就把你一直养下去。

只有不断超越平庸，永远不安于现状，你才能在职场上永远处于不败之地。

不安于现状，是优秀经理人的基本素质，也是优秀员工的立身之本。任何企业所需要的，都是不断创新的人。那种必须推着才肯前进的人，肯定会被社会所淘汰。

职业人士要想在职业领域中大显身手、功成名就，就需要坚持不懈地追求卓越！

推销员乔晓做了一年半的业务，看到许多比他后进公司的人都晋升了，而且薪水也比他高许多，他百思不得其解，想想自己来了这么长时间了，客户也没少联系，薪水也还够自己开支，可就是没有大的订单。

有一天，乔晓像往常一样下班就打开电视若无其事地看起来，突然发现有一个频道在播专题采访专家，其主题是：“如何使生命增值？”这引起了他的关注。

心理学专家回答记者说：“我们无法控制生命的长度，但我们完全可以把握生命的深度！其实每个人都拥有超出自己想象10倍以上的力量。要使生命增值的唯一方法就是在职业领域中努力地追求卓越！”

乔晓听完这段话后，信心大增，他立即关掉电视，拿出纸和笔，严格地制订了半年内的工作计划，并落实到每一天的工作中……

2个月后，乔晓的业绩明显大增，9个月后，他已为公司赚取了2500万元的利润，年底他当上了公司的销售总监。

乔晓现已拥有了自己的公司。他每次培训员工时，都不忘记说："我相信你们会一天比一天更优秀，因为你们具有这个能力！"于是员工们信心倍增，公司的利润也飞速递增。

市场是无情的，只有最优秀的企业，才能够在市场上生存下来。老板要让企业优秀起来，就必须挑选最优秀的员工，那些只求合格的人，必然要被淘汰。有很多人，包括职员、公务员，甚至大学教授，都因为"只求合格"而丢了工作。

要成为最优秀的职员，要想从合格迈向卓越，就必须养成事事追求卓越的习惯。一位作家这样说过："无论做什么事情，都应该尽心尽力，一丝不苟，因为究竟什么才是真正的大局，什么才是最重要的，其实我们并不清楚。也许，在我们眼里微不足道的细节，实际上却可能生死攸关。"

有什么样的目标，就有什么样的人生；有什么样的追求，就能达到什么样的人生高度。在公司里，如果员工勤勤恳恳地工作，超越平庸，主动进取，就能取得职场上的成功，就会拥有精彩的人生。

追求卓越、拒绝平庸是职场人士必备的品质之一。不要满足于一般的工作表现，要做就做最好，要成为老板眼中不可缺少的人物。拿破仑曾鼓励士兵：“不想当将军的士兵不是好士兵。”无论你从事何种职业，追求卓越都是你迈向成功的法宝。

青春加油站

> 在职场中，每个人都应该把自己看成是一名杰出的艺术家，而不是一个平庸的工匠，应该永远带着热情和信心去工作，那样你才能在职场走得更远。

把每一个细节做到完美

俗语说“一滴水可以折射整个太阳”，许多“大事”都是由微不足道的“小事”组成的。日常工作中同样如此，看似烦琐，不足挂齿的事情比比皆是。如果你对工作中的这些小事轻视怠慢，敷衍了事，到最后就会因“一着不慎”而失掉整盘棋。所以，每个员工在处理细节时，都应当引起重视。

有一位老教授说起过他的经历：“在我多年来的教学实践中，发觉有许多在校时资质平凡的学生，他们的成绩大多是中等或中等偏下，没有特殊的天分，有的只是安分守己的诚实性格。这些孩子走上社会参加工作，不爱出风头，默默地奉献。他们平凡无奇，毕业之后，老师、同学都不太记得他们的名字和长相。但毕业几年、十几年后，他们却带着成功的事业回来看老师，而那些原本看来有美好前程的孩子，却一事无成。这是怎么回事？”

“我常与同事一起琢磨，认为成功与在校成绩并没有什么必然的联系，但和踏实的性格密切相关。平凡的人比较务实，比较能自律，所以许多机会落在这种人身上。平凡的人如果加上勤能补拙的特质，成功之门必定会向他大方地敞开。”

人们都想做大事，而不愿意或者不屑于做小事，想做大事的人太多，而愿意把小事做好的人太少。事实上，随着经济的发展，专业化程度越来越高，社会分工越来越细，真正所谓的大事实在太少，比如，一台拖拉机，有五六千个零部件，要几十个工厂进行生产协作；一辆小汽车，有上万个零件，需上百家企业生产协作；一架波音747飞机，共有几百万个零部件，涉及的企业单位更多。

因此，多数人所做的工作还只是一些具体的事、琐碎的事、单调的事，它们也许过于平淡，也许鸡毛蒜皮，但这就是工作，是生活，是成就大事不可缺少的基础。所以无论做人、做事，都要注重细节，从小事做起。一个不愿做小事的人，是不可能成功的。老子就一直告诫人们：“天下难事，必做于易；天下大事，必做于细。”要想比别人更优秀，只有在每一件小事上下功夫。不会做小事的人，也做不出大事来。

一个小小的细节，一件再小不过的事情，往往就蕴含着巨大的机遇和决定你一生成败的因素。而那些真正伟大的人物非常清楚这个道理，他们从来都不轻视日常生活中的各种小事情。

即使常人认为很卑贱的事情，他们也都满腔热情地去干。

对于每一位职场中人，成功最重要的秘诀之一，就是去做别人不愿意做的小事。

不因小而失大，不因少而失多。抛弃大小的竞争，抛弃高下的念头，抛弃富贵的欲望，而一心一意从小事做起，就是洗厕所、扫大街，也会比别人打扫得更干净。

越是那种埋怨自己工作价值渺小的人，真正给他们一份棘手的工作时，他们越是退缩而不敢接受。具有十成力量的人，去做仅仅需要一成力量的工作，其中有生命的意义和悠闲的心情。在我们漫长的人生旅程中，这种生命的意义和悠闲的心情对于人格的形成与扩展，有决定性的帮助作用。认真观察你就会发现，那些成功者及伟人都是注意小事的人，因此不要看轻任何一个细小的历练，没有人可以一步登天。认真对待每一件事，你会发现自己的人生之路越来越广，成功的机遇也会接踵而来。

青春加油站

> 古人云：“不积跬步，无以至千里；不积小流，无以成江海。”说的就是要想成大事必须从细节做起的道理。在工作中，关注细节，反映的是一种忠于职业、尽职尽责、一丝不苟、善始善终的职业道德和精神，其中也糅合了一种使命感和道德责任感。把每一件小事、每一个细节做到完美，这样，我们才能工作中铸就自己的辉煌。

树立及时充电的理念

在这个知识与科技发展一日千里的时代，必须不断地学习，不断地充实自己，不断地成长，才能使自己在职场上始终立于不败之地。用知识及时给自己“充电”，是成大事的基本要求。

只有严格要求自己、不断进取的人，才有资格与人比高下。一个颇有魄力的老总在公司的总结会上说了这样一段话：

“美国的大公司，在开办新的分公司或增设分厂时，20世纪50年代出生的人，往往就任主管职位。如果现在公司任命你担任技术部长、厂长或分公司经理的话，你们会怎样回答？你会以‘尽力回报公司对我的重用，作为一个厂长，我会生产优良产品，并好好训练员工’回答我，还是以‘我能胜任厂长的职务，请安心地指派我吧’来马上回答呢？”

“一直在公司工作，任职10年以上，有了10年以上工作经验的你们，平时不断地锻炼自己、不断地进修了吗？一旦被派往主管职位的时候，有跟外国任何公司一较高下、把工作做好的胆量吗？如果谁有把握，那么请举手。”

这位老总环顾了一下四周，发现没有人举手，他继续说：“各位可能是由于谦虚，所以没有举手。到目前，很多深受公司、同行和社会称赞的主管，都是因为在委以重任时，表现优异。正是由于他们的领导，公司才有现在的发展，他们都是从年轻的时候起，就在自己的工作岗位上不断进修，不断磨炼自己，认真学习工作要领的人。当他们被委以重任时，能够充分发挥自己的力量，带来良好的成果。”

从这个例子中也可以看出，只有时常激励自己，不断努力，保持不断进取的精神，才能够在工作中更上一层楼。不断进步，不断学习，这一点无论何时何地都不能改变。

在一定程度上，你的学习能力决定了你能在公司的地位，因为任何工作都是需要学习才可以改进或者创新的。当一个人没有从外界学习新东西的能力或者兴趣时，当一个人不愿意或者没时间思考时，当一个人排斥创新时，他的进步与成长之路也就停止了。

当然，在职场上奋斗的人在学习上有别于在校学生的学习，因为他们缺少充裕的时间和心无杂念的专注，所以积极主动的学习尤为重要。下面是几种适用于职场的学习方法：

1. 在工作中学习

工作是任何职业从业人员的第一课堂，要想在当今竞争激烈的职场中胜出，就必须学习从工作中吸取经验，探寻智慧的启发，获取有助于提升效率的资讯。

2. 努力争取培训的机会

多数公司都有自己的员工培训计划，培训的费用一般列入公司人力资源开发的成本开支。而且公司培训的内容与工作紧密相关，所以争取成为公司的培训对象是十分必要的。为此你要详细了解公司的培训计划，如培训周期、人员数量、时间的长短，还要了解公司的培训对象有什么条件，是注重资历还是潜力，是关注现在还是关注将来。如果你觉得自己完全符合条件，就应该主动向老板提出申请，表达渴望学习、积极进取的愿望。老板对于这样的员工是非常欢迎的，同时技能的增长也是你晋升加薪的能力保障。

3. 自费进修

在公司不能满足你的培训要求时，也不要放松自己，可以自费进修一些课程。当然首选应是与工作密切相关的科目，其他还可以考虑一些热门的或自己感兴趣的科目。这类培训更多意义上被当作一种“补品”，在以后的职场中会增加你的“分量”。

随着知识、技能的更新越来越快，不通过学习、培训进行更新，适应性自然会越来越差。而老板又时刻把目光盯向那些掌握新技能、能为公司提高竞争力的员工。

未来的职场竞争将不再是知识与专业技能的竞争，而是学习能力的竞争，一个人如果善于学习，他的前途必定一片光明。

青春加油站

杰菲逊说：“一个人拥有了别人不可替代的能力，就会使自己立于不败之地。”是的，一个能在短时间内主动学习更多的有关工作的知识，不单纯依赖公司培训，主动提高自身技能的人，就是公司不可替代的优秀员工。

规划自己的职业生涯

社会的不断开放与发展，决定了我们的一生当中很有可能会从事多份不同的工作。也许每过几年就会换一次工作，或者是公司内部调动，或者跳槽到其他公司，或者干脆转行，这些情况都有可能发生。面对这么多的变化，你现在的知识和技能最终都会被时间所淘汰。为了使自己不被淘汰，你必须不断学习新的知识和技能。

为了防患于未然，你应该经常问自己这样一个问题："我的下一份工作会是什么？"然后根据周围情况的变化和你现在工作的新需要，还有未来的潮流来决定你一年以后将从事什么工作，5年以后从事什么工作。

然后你可以这么问自己："我的下一份事业会是什么？"由于你所在的行业处于不断的变化之中，为了能够拥有成功而幸福的生活，你是否必须进入一个全新的领域？哪个领域最吸引你？如果你能在任何一个行业就业，你会选择哪个行业？

职业生涯设计的目的绝不只是协助个人达到和实现个人目标，更重要的是帮助个人真正了解自己，并进一步评估内外环境的优势、限制，在"衡外情，量己力"的情形下，设计出合理且可行的职业生涯发展方向。

作家贾平凹的职业生涯的最终定位就充分说明了这一点。他在上大学的时候，因为在校刊上发表了一首顺口溜，于是便开始努力写诗。两年之中写了上千首诗，却反应平平；接着，他写起古诗来，也不怎么样；后来，学写评论、散文、随笔，同样没有突出的成绩；当他的第一个短篇小说发表之后，他才意识到，这种文学形式才是最适合自己的，于是便一发而不可收了，写了大量的短篇小说，从而开始在中国文坛上崭露头角。

贾平凹的经历说明，每一个人不见得都能完全认识到自己的才能。“知己”如同“知彼”一样，绝非易事。正因为这样，每个人根据自身的特点，选择适合成才的目标，是要经过一番摸索、实践的。人无全才，各有所长，亦有所短。所谓发现自己，就是充分认识自己所长，扬长避短。如果你有自知之明，善于找到自己最擅长的工作，你就会获得成功。

找到一份工作，虽然意味着求职历程的结束，但却只是一个人职业生涯的开始。工作的目的并不仅仅是混口饭吃，因此求职者要坚决摒弃那种“有奶便是娘”的想法，必须在求职之初就为自己的职业生涯做好规划，这样才可能使你的人生更精彩。事实上，求职绝不是一个孤立的环节，它跟你的整个人生密切相关。对每一个人来说，职业生涯都有着不同的阶段，不同的阶段都会遇到不同的问题，这些问题就是职业生涯为了考验你而赋予你的任务。如何完成这些任务将关系到你职业生涯的发展方向，你未来的前途也将在不断的提出问题和解决问题的过程中，逐渐露出它清晰的面目。

在开始设计职业规划的周期性任务之前，每个人都必须对职场生命有一个清晰的认识，只有这样你才不至于在工作中感到无所适从。因此在这里我们引入了“职业周期阶段”这一概念，从而把每个人的职业生涯分成不同的周期和阶段。也就是说，你在实现职业生涯宏伟目标的过程中，将会经历不同的阶段。在这些周期阶段中，你将会面对一些清晰可见的任务，这些不同的阶段任务组成了你向职业生涯顶峰攀登的一条崎岖之路，它们也将决定你未来职业生涯的方向。

那么，如何规划你的职业蓝图呢？

1. 20 岁 ~ 30 岁，走好第一步

这一阶段的主要特征，是从学校走上工作岗位，是人生事业发展的起点。如何起步，直接关系到今后的成败。这一阶段的主要任务之一，就是选择职业。在充分做好自我分析和内外环境分析的基础上，选择适合自己的职业，设定人生目标，制订人生计划。

2. 30 岁 ~ 40 岁，不可忽视修订目标

这个时期是一个人风华正茂之时，是充分展现自己的才能、获得晋升、事业得到迅速发展之时。此时的任务，除发奋图强、展示才能、拓展事业以外，对很多人来说，还有一个调整职业、修订目标的任务。人到 30 多岁时，应当对自己、对环境有更清楚的了解。看一看自己所选择的职业、所选择的人生路线、所确

定的人生目标是否符合现实，如有出入，应尽快调整。

3. 40岁～50岁，及时充电

这一阶段，是人生的收获季节，也是事业上获得成功的人大显身手的时期。到了这个年龄仍一无所得、事业无成的人应深刻反省一下原因何在，重点在自己身上找原因，对环境因素也要做客观分析，切勿将一切原因都归咎于外界因素、他人。只有正确认识自己，找出客观原因，才能解决问题，把握今后的努力方向。此阶段的另一个任务是继续“充电”。

很多人在此阶段都会遇到知识更新问题，特别是近年来科学技术高速发展，知识更新的周期日趋缩短，如不及时充电，将难以满足工作需要，甚至影响事业的发展。

4. 50岁～60岁，做好晚年生涯规划

此阶段是人生的转折期，无论是在事业上继续发展，还是准备退休，都面临转折问题。由于医学的进步，生活水平的提高，很多人此时乃至以后的十几年，身体都健康，照样工作，所以做好晚年生涯规划十分重要。主要内容应包括以下几个方面：一是确定退休后的二三十年内，你准备干点什么事情，然后根据目标，制订行动方案；二是学习退休后的工作技能，最好是在退休前3年开始着手学习；三是了解退休后再就业的有关政策；四是寻找退休后再就业的工作机会。

正如前面列出的职业生涯中的周期阶段、问题和任务中所见，职业生涯周期中每一个阶段的年龄范围都相当宽泛。不同职业的人经历这些阶段的速度不同，个人方面的因素还强烈地影响着职业生涯的运动速度。个人如何与何时穿越一个组织包含的等级和职能边界，将取决于组织的职业开发程序、个人才干和工作的动机，何时何处需要何种人的情境因素，以及其他难以预料的情况。因此，分析职业生涯的阶段时，最好把它们看作每个人都会以各种不同的方式碰到的一系列范围广泛的共同问题，而不是谋求把它们与特定的年龄或其他生命阶段相符合。

青春加油站

> 欲想成就一番不平凡的事业，拥有一个成功的人生，必须要对自己的职业生涯有个合理规划。因为，只有这样你才会有一个坚定的目标，并且能够扬长避短，朝着这个目标努力前进。

绝对执行，不找任何借口

美国人常常讥笑那些随便找借口的人说：“狗吃了你的作业。”借口是拖延的温床，习惯找借口的人总会找出一些借口来安慰自己，总想让自己轻松一些、舒服一些。这样的人，不可能成为称职的员工，要知道，老板安排你这个职位，是为了解决问题，而不是听你关于困难的分析。不论是失败了，还是做错了，再好的借口对于事情本身也是没有丝毫用处的。

许多人都可能会有这样的经历，清晨闹钟将你从睡梦中惊醒，你虽然知道该起床了，可就是躺在温暖的被窝里面不想起来——结果上班迟到，你会对上司说你的闹钟坏了。

又一次，你上班迟到，明明是你躺在被窝里面不起来，却说路上塞车。

……

糊弄工作的人是制造借口的专家，他们总能以种种借口来为自己开脱，只要能找借口，就毫不犹豫地去找。这种借口带来的唯一“好处”，就是让你不断地为自己去寻找借口，长此以往，你可能就会形成一种寻找借口的习惯，任由借口牵着你的鼻子走。这种习惯具有很大的破坏性，它使人丧失进取心，让自己松懈、退缩甚至放弃。在这种习惯的作用下，即使是自己做了不好的事，你也会认为是理所当然的。

一旦养成找借口的习惯，你的工作就会拖拖拉拉，没有效率，做起事来就往往不诚实。这样的人不可能是好员工，他们也不可能有完美的人生。

罗斯是公司里的一位老员工了，以前专门负责跑业务，深得上司的器重。只是有一次，他把公司的一笔业务“丢”了，造成了一定的损失。事后，他很合情合理地解释了失去这笔业务的原因。那是因为他的脚伤发作，比竞争对手迟到半个钟头。以后，每当公司要他出去联系有点棘手的业务时，他总是以他的脚不行，不能胜任这项工作为借口而推诿。

罗斯的一只脚有点轻微的跛，那是一次出差途中一场车祸引起的，留下了一点后遗症，根本不影响他的形象，也不影响他的工作，如果不仔细看，是看不出来的。

第一次，上司比较理解他，原谅了他。罗斯很得意，他知道这是一项比较难办的业务，他庆幸自己很明智，如果没办好，那多丢面子啊。

但如果有比较好揽的业务时，他又跑到上司面前，说脚不行，要求在业务方面有所照顾，比如就易避难、趋近避远，如此种种，他大部分的时间和精力都花在如何寻找更合理的借口上。碰到难办的业务能推的就推，好办的差事能争就争。时间一长，他的业务成绩直线下滑，没有完成任务他就怪他的脚不争气。总之，他现在已习惯因脚的问题在公司里可以迟到，可以早退，甚至工作餐时，他还可以喝酒，因为喝点酒可以让他的脚舒服些。

现在的老板都是很精明的，有谁愿意要一个时时刻刻找借口的员工呢？罗斯被炒也是在情理之中的事。善于找借口的员工往往就像罗斯一样，因为糊弄自己的工作而“糊弄”了自己。

因此，要成功就不要找借口。不要害怕前进路上的种种困难，不要为自己的平庸寻找种种托词，也不要为自己的失败解释种种原因，抛开借口，勇往直前，你就能激发出巨大潜能，从而在前进的路上，披荆斩棘，直抵成功。

为什么美国海军陆战队要求“毫无保留地服从”？这是一个十分简单的道理。因为没有服从的精神，就没有纪律，没有纪律的军队就没有战斗力，有效地完成任务则更无从谈起。

如果你亲眼看到过美国海军陆战队的训练和生活，让你体会最深的可能莫过于“服从”二字。

长官一声令下，队员立即无条件执行——

滂沱大雨中，士兵照

常训练，执行口令不得有丝毫懈怠；

没有长官的命令，行进路上的水洼沟壑好像根本就不存在；

新兵的第一次跳伞训练，每个人在机舱口都不得有一丝犹豫。

无论前面是生是死、是水是火，只要你是美国海军陆战队员，“毫无保留地服从”就是你的首要职责！

对于任何团体和组织，服从精神的重要性都不言而喻。职场中，我们的团队同样需要无条件地服从。对上级命令的服从，对下达任务的服从，对公司利益的服从。我们的身边常常有这样或那样企图推卸责任或拒绝服从命令的情况发生，是服从还是敷衍，这样的选择经常在一个人心头徘徊：

“这件事我不大清楚，请你问问别人。”

“老板，我星期六有事，您看看还有没有其他人选。”

“对不起，星期五下午我们不处理类似事务。”

“这个我不会。”

“学校里没教过这个。”

……

工作中，服从不仅是对上级命令的贯彻，它更多地表现为对工作积极接受的态度，意味着一个人具有不逃避责任、热情投入以及牺牲的精神。它常常在我们的生活中以另一种姿态出现，那就是“敬业”。

林红是一名保险公司的从业人员，她是大区仅有的6个顶级会员之一。当别人问起她成功的经验时，她说：“我曾是一名军人，客户的需求就是命令。对于每一项命令，我都会全力以赴，不计代价地完成，因为服从命令是我的习惯。”

服从命令的习惯不仅能让个人变得敬业，还能强化整个团队的工作能力。试想，如果团队中的每个人都具有完全的服从精神，对每项任务都认认真真去完成，谁又能不兢兢业业、竭尽所能？团队有如一部联动机，当所有的部件都能忠实履行自己的职责时，整个机器才能运转自如，而当各个部件都有超常表现时，整个机器的性能就会成倍地提高。

相反，各自为政不仅会毁掉个人的前途，也会腐蚀掉整个团队的战斗力。对分配的工作百般推脱的员工只会令老板徒增烦恼，更不可能被委以重任。同样，没有服从精神的团队，必定是一盘散沙。

在执行中，对命令的尊重与服从是至关重要的。命令是贯穿整个行动计划的关键，只有每个成员都能坚决服从命令并完成自身的任务，才能保证整体行动的顺利进行。

青春加油站

对于在同样的公司、做同样的工作的不同员工来说，为什么有人一路擢升、青云直上，有人却每况愈下、越发窘迫呢？虽然每个人成功的因素各不相同，但大多数成功人士都有一个共同的特点：他们从不为自己的工作寻找借口。

扔掉“可是”这个借口

拒绝“可是”，拒绝借口，你才能找到解决问题的切入点，才能真正认识到自己的能力，而后准确地给自己定位。因为任何“可是”、任何借口，其实都是懒人的托词，它只能慢慢地把你推向失败的旋涡，让你处于一种疲惫且不知前进的状态。而扔掉“可是”这个借口，你才能发掘出自己的潜能，闯出属于自己的一片天地。

“我本来可以，可是……”

“我也不想这样，可是……”

“是我做的，可是这不全是我的错……”

“我本来以为……可是……”

行事不顺时，我们都喜欢以“可是”这个借口来推脱责任，却很少有敢于承担后果的勇气，很少去思考解决问题的方法，就这样不断地求助于“可是”，不断地寻找各种各样的借口，糟糕的事情不断发生，生活也就不断地出现恶性循环。须知，唯有扔掉“可是”这个借口，你才能跨出心灵的囚笼，取得意想不到的辉煌成果。

对于很多善于找借口的人来说，从一件事情上入手来尝试着丢掉借口，抓紧时间，集中精力去做好手边的事，也许结果会大不相同。

一次，美国著名教育家、人际关系专家戴尔·卡耐基的夫人桃乐西·卡耐基，在她的训练学生记人名的一节课后，一位女学生跑来找她，这位女学生说：

“卡耐基太太，我希望你不要指望你能改进我对人名的记忆力，这是绝对办不到的事。”

“为什么办不到？”卡耐基夫人吃惊地问，“我相信你的记忆力会相当棒！”

“可是这是遗传的呀，”女学生回答她，“我们一家人的记忆力全都不好，我爸爸、我妈妈将它遗传给我。因此，你要知道，我这方面不可能有什么更出色的表现。”

卡耐基夫人说：“小姐，你的问题不是遗传，是懒惰。你觉得责怪你的家人比用心改进自己的记忆力容易。你不要把这个‘可是’当作你的借口，请坐下来，我证明给你看。”

随后的一段时间里，卡耐基夫人专门耐心地训练这位小姐做简单的记忆练习，由于她专心练习，学习的效果很好。卡耐基夫人打破了那位小姐认为自己无法将记忆力训练得优于父母的想法。那位小姐就此学会了从自己本身找缺点，学会了自己改造自己，而不是找借口。

“可是”这个借口是人们回避困难、敷衍塞责的“挡箭牌”，是不肯自我负责的表现，是一种缺乏自尊的生活态度的反映。怎样才能不再找借口，并不是学会说“报告，没有借口”就足够

了，而是要按照生活真实的法则去生活，重新寻回你与生俱来但又在成长过程中失去的自尊和责任感。

你改变不了天气，请不要说“可是”，因为你可以调整自己的着装；你改变不了风向，请不要说“可是”，因为你可以调整你的风帆；你改变不了他人，请不要说“可是”，因为你可以改变你自己。所以，面对困难，你可以调整内在的态度和信念，通过积极的行动，消除一切想要寻找借口的想法和心理，成为一个勇于承担责任的人，成为一个不抱怨、不推脱、不“可是”、不为失败找借口的人。

扔掉“可是”这个借口，让你没有退路，没有选择，让你的心灵时刻承载着巨大的压力去拼搏、去奋斗，置之死地而后生。只有这样，你的潜能才会最大限度地发挥出来，成功也会在不远的地方向你招手！

成功的人不会寻找任何借口，他们会坚毅地完成每一项简单或复杂的任务。一个追求成功的人应该确立目标，然后不顾一切地去追求目标，最终达到目标，取得成功。

许多人总爱为自己找各种各样的借口，以便让自己保留一些脸面。殊不知，这种错误的心理和方式，只会让自己逐渐滑入失败的深渊。在通常情况下，借口会让人失去信心，而处于一种疲软的生活状态之中。拒绝“可是”这个借口，向借口开刀是决定你能否胜出一般人的第一标志。

青春加油站

> 成功的人不会寻找任何借口，他们会坚毅地完成每一项简单或复杂的任务。一个追求成功的人应该确立目标，然后不顾一切地去追求目标，最终达到目标，取得成功。

只为成功找方法，不为问题找借口

制造托词来解释失败，这已是世界性的问题。这种习惯与人类的历史一样古老，这是成功的致命伤！制造借口是人类本能的习惯，这种习惯是难以打破的。柏拉图说过：“征服自己是最大的胜利，被自己所征服是最大的耻辱和邪恶。”

顾凯在担任一家公司销售经理期间，曾面临一种极为尴尬的情况：该公司的财务发生了困难。这件事被销售人员知道了，并因此失去了工作的热忱，销售量开始下跌。到后来，情况更为严重，销售部门不得不召集全体销售员开一次大会。全国各地的销售员皆被召去参加这次会议，顾凯主持了这次会议。

首先，他请手下最佳的几位销售员站起来，要他们说明销售量为何会下跌。这些被叫到名字的销售员一一站起来以后，每个人都有一段令人震惊的悲惨故事要向大家倾诉：商业不景气、资金缺少、物价上涨等。

当第 5 个销售员开始列举使他无法完成销售额的种种困难时，顾凯突然跳到一张桌子上，高举双手，要求大家肃静。然后，他说道："停止，我命令大会暂停 10 分钟，让我把我的皮鞋擦亮。"

然后，他命令坐在附近的一名小工友把他的擦鞋工具箱拿来，并要求这名工友把他的皮鞋擦亮，而他就站在桌子上不动。

在场的销售员都惊呆了，他们中有些人以为顾凯发疯了，人们开始窃窃私语。这时，只见那位小工友先擦亮他的第一只鞋子，然后又擦另一只鞋子，他不慌不忙地擦着，表现出第一流的擦鞋技巧。

皮鞋擦亮之后，顾凯给了小工友 1 元钱，然后发表他的演说。

他说："我希望你们每个人，好好看看这个小工友。他拥有在我们整个工厂及办公室内擦鞋的特权。他的前任的年纪比他大得多，尽管公司每周补贴他 200 元的薪水，而且工厂里有数千名员

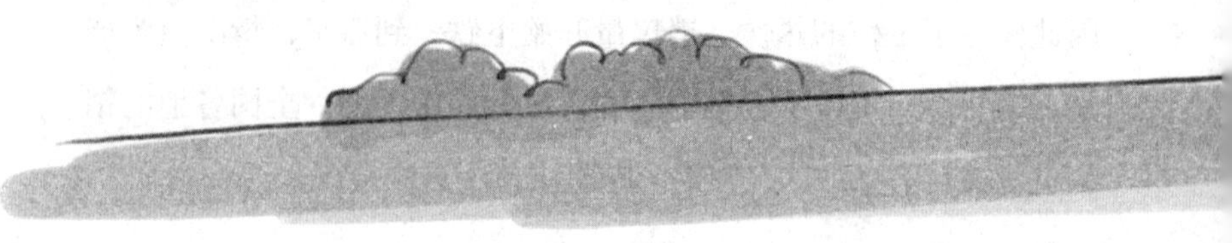

工，但他仍然无法从这个公司赚取足以维持他生活的费用。”

“可是这位小工友不仅不需要公司补贴薪水，还可以赚到相当不错的收入，每周还可以存下一点钱来。他和他的前任的工作环境完全相同，也在同一家工厂内，工作的对象也完全相同。”

“现在我问你们一个问题，那个前任拉不到更多的生意，是谁的错？是他的错，还是顾客的？”

那些推销员不约而同地大声说：

“当然了，是那个前任的错。”

“正是如此。”顾凯回答说，“现在我要告诉你们，你们现在推销的产品和一年前的情况完全相同：同样的地区、同样的对象以及同样的商业条件。但是，你们的销售成绩却比不上一年前。这是谁的错？是你们的错，还是顾客的错？”

同样又传来如雷般的回答：

“当然，是我们的错。”

“我很高兴，你们能坦率地承认自己的错误。”顾凯继续说，“我现在要告诉你们。你们的错误在于，你们听到了有关本公司财务发生困难的谣言，这影响了你们的工作热情，因此，你们不像以前那般努力了。只要你们回到自己的销售地区，并保证在以后30天内，每人卖出5台产品，那么，本公司就不会再发生什么财务危机了。你们愿意这样做吗？”

大家都说“愿意”，后来果然也办到了。那些他们曾强调的种种借口，如商业不景气、资金缺少、物价上涨等，仿佛根本不存在似的，统统消失了。

卓越的必定是重视找方法的人。在他们的世界里不存在借口这个字眼，他们相信凡事必有方法去解决，而且能够解决得最完美。事实也一再证明，看似极其困难的事情，只要用心寻找方法，必定会成功。真正杰出的人只为成功找方法，不为问题找借口，因为他们懂得，寻找借口，只会使问题变得更棘手、更难以解决。

青春加油站

看似极其困难的事情，只要用心寻找方法，必定会成功。真正杰出的人只为成功找方法，不为问题找借口，因为他们懂得，寻找借口，只会使问题变得更棘手、更难以解决。

患上“借口症”

我们来看看几个常见的借口是如何的荒谬。

年龄借口

两个儿时的玩伴，十几年后聚在一起，大家都大为感慨，于是亲切地聊起来。然而，令人吃惊的是，两人竟都说自己已经“老”了。“现在只是为了孩子赚钱，还有一二十年就要退休养老了，没有其他想法了。”

老天，才三十五六岁！怎么就等待退休养老呢?

怪不得我们这个社会有那么多失败者，他们不努力去追求成功，却随意找借口，迎接和等待人生的失败。

按说这两位玩伴现在都具有很好的条件去设立某个目标，努力攀登。遗憾的是，他们竟然放弃了一切追求，年龄的借口和其他的交谈都显露了他们消极失败的心态。三十五六岁就说“老”了。事实恰恰相反，三十五六岁的人生是最有作为、精力最旺盛的时候。因为这个时候，人们因吸收广泛的生活养料而比较成熟，更容易认识和把握自己。

许多大成功者，都是在 30 ~ 60 岁的年龄阶段达到自己事业的顶峰的。北京天安制药集团总裁吕克键，49 岁才开始创业；山东乳山百万富翁养蚶专家辛启泰，50 岁才从海边滩涂上寻找到成功之路；四川“蚊帐大王”杨百万66岁才从摆小摊开始做生意；美国前总统里根73岁还参加竞选。

成功学家拿破仑·希尔对2500人进行分析，发现很少有人在40岁以前取得事业上的大成功。美国著名的汽车大王福特，40岁还没有迈出成功的重要步伐。美国钢铁大王安德鲁·卡内基取得巨大成功之时，已过40岁。希尔本人出版第一本成功学著作时已是45岁，之后他为事业成功还奋斗了42年，当他80岁的时候还在出书。

年龄，绝不能成为不成功的借口。

工作中的借口

我们经常会听到这样或那样的借口。借口在我们的耳畔窃窃私语，告诉我们不能做某事或做不好某事的理由，它们好像是“理智的声音”，“合情合理的解释”，冠冕而堂皇。上班迟到了，会有“路上堵车”、“手表停了”、“今天家里事太多”等借口；业务拓展不开，工作无业绩，会有“制度不行”、“政策不好”或“我已经尽力了”等借口。事情做砸了有借口，任务没完成有借口。只要有心去找，借口无处不在。借口就是一块敷衍别人、原谅自己的“挡箭牌”，就是一个掩饰弱点、推卸责任的“万能器”。有许多人把宝贵的时间和精力放在了如何寻找一个合适的借口上，而忘记了自己的职责和责任。

寻找借口，就是把自己的过失掩饰掉，把应该自己承担的责任转嫁给社会或他人。这样的人，在企业中不会成为称职的员

工，在社会上也不是大家可信赖和尊重的人。这样的人，只能是一事无成的失败者。

教育和文凭的借口

“我没有受过良好的教育”，“我没有文凭”，这是不少人常用的借口。事实上学习知识的途径多种多样，学校教育，仅仅是千万条求知途径中的一种。要知道从学校的书本上学东西，常常有很大的局限性，真正的教育来自社会大学和自学。

我们看看那些成功人士的教育与文凭情况：“椰树集团”董事长王光兴，初中文凭；“果喜集团”总裁张果喜，小学文凭；治秃专家赵章光，高中文凭；美国钢铁大王安德鲁·卡内基13岁开始工作，几乎没接受什么正规教育；美国石油大王洛克菲勒，高中辍学；日本的松下幸之助只有小学四年级的学历；香港富商李嘉诚，初中辍学……这些成功者的知识全靠自学而来。

受到良好的学校教育，当然对成功有帮助，没有受到学校教育、没有文凭的人，只要愿意，自学永远不晚。

资金借口

“我没有资金，所以我不能成功……”

事实是，有资金可以帮助我们成功，但没有资金，只要想办法同样可以创业赚钱，同样可以成功。其实，资金来源途径很多：积少成多地积累，大雪球是由小雪球滚成的；向亲朋好友借钱集资；寻找一个能生财的门路；抓住机会找银行贷款；或找资金雄厚的单位和个人合伙；集资入股……许多做大生意的人都不是靠个人的资金，而是充分利用了银行、信用社以及社会闲散资金。

失败者大都喜欢找借口，成功者却大都拒绝找借口，向一切可以作为借口的原因或困难挑战。富兰克林·罗斯福因患小儿麻痹症而下身瘫痪，他有资格找借口。可是他以信心、勇气和顽强的意志向一切困难挑战，冲破美国传统束缚，连任四届美国总统。他以病残之躯，在美国历史上，也在人类历史上写下了光辉灿烂的成功篇章。

此外，还有“运气”借口、“健康”借口、“出身”借口、“人际关系”借口等。希尔在他的《思考致富》里将一位个性分析专家编的借口表列出来，竟然有50个之多。希尔说："找借口解释失败是全人类的惯常做法。这种做法同人类历史一样源远流长，且对成功有着致命的破坏力。"

那么我们该如何根治自己的"借口症"呢？

当你面对失败时，不要寻找借口，而应找出失败的原因。

一个人做事不可能一辈子一帆风顺，就算没有大失败，也会有小挫折。而每个人面对失败的态度也都不一样，有些人不把失败当一回事，他们认为"胜败乃兵家之常事"。也有人拼命为自己的失败找借口，告诉自己，也告诉别人，他的失败是因为别人扯了后腿、家人不帮忙，或是身体不好、运气不佳等。如果他不能从失败中吸取教训，就算有过人的意志也没用。不敢面对失败，老是为失败寻找借口，也不能获得成功。

面对失败是件痛苦的事，但是，人要追求成功就必须找出失败的原因来，以便对症下药。

要找出失败的原因并不很容易，因为人常会下意识地逃避，因此应双管齐下，自己检讨，也请别人批评。自己检讨是主观的，有正确的，也有不正确的；别人批评是客观的，当然也有正确的和不正确的，两者相比较，便能找出失败的真正原因了，这些原因一定和你的个性、智慧、能力有关。你应该好好分析这些问题，诚实地面对，并自我修正。如果能这么做，那你就不会再犯同样的错误，并且成功得比较快。如果一碰上失败就找借口，那你失败的机会很可能会多于成功的机会，因为你并未从根本上解决“病因”，当然也就要时常发病了！

青春加油站

生活中，因各种借口造成的消极心态，就像瘟疫一样毒害着我们的灵魂，并且互相感染和影响，极大地阻碍着人们正常潜能的发挥，使许多人未老先衰，丧失斗志，消极处世。然而，正像任何传染病都可以治疗一样，“借口症”这个心态病也是可以克服的。办法之一就是用事实将借口一一驳倒，使其没有理由在我们心中立足。

第七章

人生总会有办法：思路决定出路

走出囚禁思维的栅栏

世界上没有两片完全相同的树叶，同样，世界上也没有两个完全相同的人。每个人自身的独特性，形成其别具一格的思维方式，每个人都可以走出一条与众不同的发展道路来。但保持个性的同时，也应追求突破创新，否则，你将陷入自身的思路的“圈套”中。

每个人都会有“自身携带的栅栏”，若能及时地从中走出来，实在是一种可贵的警悟。独一无二的创新精神，勇于进取，绝不自损、自贬，在学习生活中勇于独立思考，在日常生活中善于创新，在职业生活中精于自主创新，正是能够从自我囚禁的“栅栏”里走出来的鲜明标志。形成创造力自囚的“栅栏”，通常有其内在的原因，是由于思维的知觉性障碍、判断力障碍以及常规思维的惯性障碍所导致的。知觉是接受信息的通道，知觉的领域狭窄，通道自然受阻，创造力也就无从激发。这条通道要保持通畅，才能使信息流丰盈、多样，使新信息、新知识的获得成为可能，使得信息检索能力得到锻炼，不断增长其敏锐的接收能力、详略适当的筛选能力和信息精化的提炼能力，这是形成创新心态的重要前提。判断性障碍大多产生于心理偏见和观念偏离。要使判断恢复客观，首先需要矫正心理视觉，使之采取开放的态度，注意事物自身的特性而不囿于固有的见解或观念。这在新事物迅猛增加、新知识快速增加的当今时代，尤其值得重视。

要从自囚的“栅栏”里走出来，还创造力以自由，首先就要还思维以自由，突破常规思维。在此基础上，对日常生活保持开放的、积极的心态，对创新世界的人与事，持平视的、平等的姿态，对创造活动，持成败皆为收获、过程才最重要的心态，这样，我们将有望形成十分有利于创新生涯的心理品质，并且及时克服内在的消极因素。

一位雕塑家有一个12岁的儿子。儿子要爸爸给他做几件玩具，雕塑家只是慈祥地笑笑，说：“你自己不能动手试试吗？”

为了制作自己的玩具，孩子开始注意父亲的工作，常常站在大台边观看父亲运用各种工具，然后模仿着用于玩具制作。父亲也从来不向他讲解什么，放任自流。

一年后，孩子初步掌握了一些制作方法，玩具造得颇像样。这样，父亲偶尔会指点一二。但孩子脾气倔，从来不将父亲的话当回事，我行我素，自得其乐。父亲也不生气。

又一年，孩子的技艺显著提高，可以随心所欲地摆弄出各种人和动物的形状。孩子常常将自己的“杰作”展示给别人看，引来诸多夸赞。但雕塑家总是淡淡地笑，并不在乎。

有一天，孩子存放在工作室的玩具全部不翼而飞，父亲说：“昨夜可能有小偷来过。”孩子没办法，只得重新制作。

半年后，工作室再次被盗。又过了半年，工作室又失窃了。孩子有些怀疑是父亲在捣鬼：为什么从不见父亲为失窃而吃惊、防范呢？

一天夜晚，儿子夜里没睡着，见工作室灯亮着，便溜到窗边窥视，只见父亲背着手，在雕塑作品前踱步、观看。好一会儿，父亲仿佛做出某种决定，一转身，拾起斧子，将自己大部分作品打得稀巴烂！接着，父亲将这些碎土块堆到一起，放上水重新混合成泥巴。孩子疑惑地站在窗外。这时，他又看见父亲走到他的那批小玩具前！父亲拿起每件玩具端详片刻，然后，将儿子所有的自制玩具扔到泥堆里搅和起来！当父亲回头的时候，儿子已站在他身后，瞪着愤怒的眼睛。父亲有些羞愧，吞吞吐吐道：“我，是，哦，是因为，只有砸烂较差的，我们才能创造更好的。”

10年之后，父亲和儿子的作品多次同获国内外大奖。

父亲不愧是位雕塑家，他不但深谙雕塑艺术品的精髓更懂得如何雕塑儿子的“灵魂”。每一个渴望成功的人都必须谨记：只有不断突破自我，超越以往，你才能开创出更美好、更辉煌的人生来。

青春加油站

> 成功的人往往是一些不那么“安分守己”的人，他们绝对不会因取得一些小小的成绩而沾沾自喜，获得一点小成功就停下继续前行的脚步。因此，只有突破旧我，才能获得又一次的蜕变，人生才会呈现更好的局面。

不按常理出牌

天才大都是能够自创法则的人。随着时代的发展，尤其是网络的普及，在这个瞬息万变的现代社会中，传统和经验的意义已经远远没有过去那么重要了，时代更加突出了创新的意义，创新重于经验！

对于年轻人来说，更是如此。年轻人要想成功，就必须敢于标新立异，推陈出新。美国商界奇才尤伯罗斯为我们做出了一个很好的榜样。

1984年以前的奥运会主办国，几乎是“指定”的。对举办国而言，往往是喜忧参半。能举办奥运会，自然是国家民族的荣誉，还可以乘机宣传本国形象，但是以新场馆建设为主的大规模硬件软件投入，又将使政府负担巨大的财政赤字。1976年加拿大主办蒙特利尔奥运会，亏损10亿美元，当时预计这一巨额债务

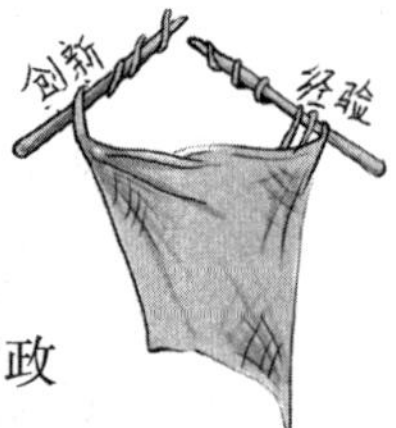

到2003年才能还清；1980年，苏联莫斯科奥运会总支出达90亿美元，具体债务更是一个天文数字。奥运会几乎变成了为“国家民族利益”而举办，为“政治需要”而举办。赔本已成奥运定律。

鉴于其他国家举办奥运的亏损情况，洛杉矶市政府在得到主办权后即做出一项史无前例的决议：第23届奥运会不动用任何公用基金，因此而开创了民办奥运会的先河。

尤伯罗斯接手奥运之后，发现组委会竟连一家皮包公司都不如，没有秘书、没有电话、没有办公室，甚至连一个账号都没有。一切都得从零开始，尤伯罗斯决定破釜沉舟。他以1060万美元的价格将自己的旅游公司股份卖掉，开始招募雇佣人员，把奥运会商业化，进行市场运作。

第一步，开源节流。

尤伯罗斯认为，自1932年洛杉矶奥运会以来，规模大、虚浮、奢华和浪费成为时尚。他决定想尽一切办法节省不必要的开支。首先，他本人以身作则不领薪水，在这种精神感召下，有数万名工作人员甘当义工；其次，沿用洛杉矶现成的体育场；最后，把当地的3所大学宿舍做奥运村。仅后两项措施就节约了十几亿美元。

第二步，举行声势浩大的“圣火传递”活动。

奥运圣火在希腊

点燃后，在美国举行横贯美国本土的1.5万公里圣火接力跑。用捐款的办法，谁出钱谁就可以举着火炬跑上一程。全程圣火传递权以每公里3000美元出售，1.5万公里共售得4500万美元。尤伯罗斯实际上是在卖百年奥运的历史、荣誉等巨大的无形资产。

第三步，别具一格的融资、赢利模式。

尤伯罗斯创造了别具一格的融资和盈利模式，让奥运会为主办方带来了滚滚财源。尤伯罗斯出人意料地提出，赞助金额不得低于500万美元，而且不许在场地内包括其空中做商业广告。这些苛刻的条件反而刺激了赞助商的热情。一家公司急于加入赞助，甚至还没弄清所赞助的室内赛车比赛程序如何，就匆匆签字。尤伯罗斯最终从150家赞助商中选定30家。此举共筹到1.17亿美元。

最大的收益来自独家电视转播权转让。尤伯罗斯采取美国三大电视网竞投的方式，结果，美国广播公司以2.25亿美元夺得电视转播权。尤伯罗斯又首次打破奥运会广播电台免费转播比赛的惯例，以7000万美元把广播转播权卖给美国、欧洲及澳大利亚的广播公司。

门票收入，通过强大的广告宣传和新闻炒作，也达到了历史最高水平。

第四步，出售与本届奥运会相关的吉祥物和纪念品。

尤伯罗斯联合一些商家，发行了一些以本届奥运会吉祥物山姆鹰为主要标志的纪念品。通过这四步卓有成效的市场运作，在短短的十几天内，第23届奥运会总支出5.1亿美元，盈利2.5亿美元，是原计划的10倍。尤伯罗斯本人也得到47.5万美元的红利。在闭幕式上，时任国际奥委会主席的萨马兰奇向尤伯罗斯颁发了一枚特别的金牌，报界称此为“本届奥运最大的一枚金牌”。

突破是创新的核心。创新不是对过去的简单重复和再现，它没有现成的经验可借鉴，也没有现成方法可套用，它是在没有任何经验的情况下的努力探索。

在通常情况下，人们按照自己的常规思路，经历了千万次的试验，还是没有取得成功；有时取得成功却全不费工夫，这种突然而至的东西就往往包含着意想不到的创造性，甚至会迫使人们放弃以前数年辛苦得来的成果。当你处于山穷水尽的境况时，建议你不妨打破常规不按常理出牌。这样，你才有可能在相反的方向很容易地找到问题的答案。

对于成功者来说，经验与创新是相辅相成，缺一不可的。我们不能厚此薄彼，而应在创新的同时仍然要重视常规的经验，并且在常规的基础上，寻求突破创新。

下面的方法有助于你另辟蹊径，从成功的经验中得到启示：

1. 能在平常的事情上思考求变

能够另辟蹊径的人，其思维富有创造性，善于从习以为常的事物中图新求异，去认识世界，改造世界。

2. 不为现行的观点、做法、生活方式所牵制

巴尔扎克说：“第一个把女人比作花的是聪明人，第二个再这

样比喻的人就是庸才了，第三个人则是傻子了。”

现行的汽车防盗系统国内外已有不少，许多厂家使尽浑身解数仍然不尽如人意。总参某炮兵研究所青年工程师杨文昭在广泛吸取国内外同类产品优点的同时，大胆创新，另辟蹊径，运用双密码保险、抗强电磁干扰、无电源持续报警和声控自动熄火等新技术，研究出了汽车防盗系列产品，被定为首家“国际”产品。敢于向现行的成果和规则挑战，独闯新路，使杨文昭获得了机会，也获得了成功。

3. 学习他人，超越他人

抱着“他山之石可以攻玉”的想法，盲目模仿他人的经验，并不能获得成功。要养成独立思考的习惯，自己在观察事物、观察别人成功经验的同时，独创出自己之所见。

4. 别出心裁，有自己独到的见解

“大家都想到一块儿去了”，这并非都是良策。例如，曾经满天飞的广告词尽是“实行三包”、“世界首创”、“饮誉天下”，但效果如何呢？美国一家打字机厂家的广告语“不打不相识”，一语双关，顾客纷至沓来。

青春加油站

对于成功者来说，经验与创新是相辅相成，缺一不可的。我们不能厚此薄彼，而应在创新的同时仍然要重视常规的经验，并且在常规的基础上，寻求突破创新。

放弃无谓的执着

执着是一种好的品质，但有的时候并不一定是好事。无论是做人，还是做事，都要学会创新。因为，只有创新才会找到方法，才会获得一条捷径。

创新，就是以变化自己为途径，通向成功。哲学家讲："你改变不了过去，但你可以改变现在；你想要改变环境，就必须改变自己。"

种子落在土里长成树苗后最好不要轻易移动，一动就很难成活。而人就不同了，人有脑子，遇到了问题可以灵活地处理，这个方法不成就换一个方法，总有一个方法能行。做人做事要学会创新，不能太死板，要具体问题具体分析。前面已经是悬崖了，难道你还要跳下去吗？不要被经验束缚了头脑，要冲出惯性思维的樊篱。执着很重要，但盲目的执着是不可取的。

俗话说："变则通，通则久！"所以在生活中，人应该学着变通，不能死钻牛角尖，此路不通就换条路，千万不能一条路走到黑，生活不是一成不变的，人也应该求新求变。

记载商鞅思想言论的《商君书》中有一段名言，大意是："聪明的人创造法度，而愚昧的人受法度的制裁；贤人改革礼制，而庸人受礼制的约束。"圣人创造"规矩"，开创未来，常人遵从

“规矩”，重复历史。为什么孔子是圣人，而他的三千弟子不是?原因就在于思想是否解放，是否敢于创新，敢于自主地、实事求是地思考分析问题。

许多成功人士一生不败，关键就在于用了为人处世的创新之道，进退之时，俯仰之间，都超人一等，让他人佩服，以之为师。

学会为人处世的创新之道不是“空头支票”，而是决定你能否从人群中脱颖而出的第一关键；凡不知为人处世的创新之道者，一定会在许多重要时刻碰得头破血流，跌入失败之境地。

在生活和工作中，当我们遇到障碍，经过努力仍然没有进展的时候，就要想想是不是可以从其他角度来解决这一问题。换个角度去思考问题，往往能将你带到一个柳暗花明的新境界。在面对问题时，不能只是盲目地执着，也不能只从问题的直观角度去思考，要不断挖掘自己的潜力，从不同的角度寻找解决问题的办法，这样往往就会使问题出现新的转机。

下面的这个故事就说明了这个道理。

杨亮是一家大公司的高级主管，他面临一个两难的境地。

一方面，他非常喜欢自己的工作，也很喜欢工作带来的丰厚薪水——他的位置使他的薪水只增不减。但是，另一方面，他非常讨厌他的上司，经过多年的忍受，他发觉已经到了忍无可忍的地步了。在经过慎重思考之后，他决定去猎头公司重新谋求一个高级主管的职位。猎头公司告诉他，以他的条件，再找一个类似的职位并不费劲。

回到家中，杨亮把这一切告诉了他的妻子。他的妻子是一个教师，那天刚刚教学生如何重新界定问题，也就是把你正在面对的问题换一个角度考虑，把正在面对的问题完全颠倒过来看——不仅要跟你以往看问题的角度不同，也要和其他人看问题的角度不同。她把上课的内容讲给了杨亮听，杨亮听了妻子的话后，一个大胆的主意在他脑中浮现了。

第二天，他又来到猎头公司，这次他是请猎头公司替他的上司找工作。不久，杨亮的上司接到了猎头公司打来的电话，请他去别的公司高就，尽管他完全不知道这是他的下属和猎头公司共同努力的结果，但正好这位上司对于自己现在的工作也厌倦了，所以没有考虑多久，他就接受了这份新工作。

这件事最奇妙的地方，就在于上司接受了新的工作，结果他目前的位置就空出来了。杨亮申请了这个位置，于是他就坐上了以前他上司的位置。

在这个故事中，杨亮本意是想替自己找份新工作，以躲开令自己讨厌的上司。但他的妻子让他懂得了如何从不同的角度考虑问题，结果，他不仅仍然干着自己喜欢的工作，而且摆脱了令自己无法忍受的上司，还得到了意外的升迁。

作为有理想、有抱负的现代人，我们应努力培养自己突破创新的能力。俗话说：“穷则变，变则通。”当某条路走不通时，不要再一味“坚持”，而要变换思路，换个角度去思考。这个世界上，没有什么东西是永远静止不前的，我们要学会创新，才能跟上时代的步伐。

青春加油站

在面对问题时，不能只是盲目地执着，也不能只从问题的直观角度去思考，要不断挖掘自己的潜力，从不同的角度寻找解决问题的办法，这样往往就会使问题出现新的转机。

甩掉“金科玉律”的束缚

我们从小就会被教导不能做这，不能做那，久而久之就形成了一种固定的观念。这些观念成为了我们行走社会的“金科玉律”，它们让我们少受挫折的同时，也常常阻碍着我们去开拓新的人生格局。这些观念禁锢着我们的大脑，侵蚀着我们的潜能。因此，要改变命运，我们就得先从改变观念开始。

大家都记得这句金科玉律："想要别人怎样对待你，就先怎样对待别人。"这可能是一句大家从小就学到，且会拿来教导孩子的至理名言。

遗憾的是，若把这句名言应用到组织问题上，问题可就大了。

这句金科玉律的假定是，你喜欢的对待方式会跟其他人喜欢的对待方式一样。这就是"先怎样对待别人"的立论。把这种观点应用在解决组织问题时，就等于是说在协调冲突、决策和搜集信息上，你会跟大家的看法一致。

很多人把这句名言当成个人生活的策略。我们也这样处理周遭发生的事。但把这句名言当成策略，很可能会陷入本位主义的泥潭。因为这句名言假定，自己的看法就是他人的看法。因此，自己所想的，就是适当、正确的。如果你就是在这种金科玉律教导下长大的，难免会养成这种思考逻辑。不过，如果你以不同的观点思考，就能开启许多前所未有的成功之门。

我们被自己对世界的偏见所蒙蔽，看不到个人见解的可笑和荒谬。这种狭隘的观念，直接影响了我们在处理变革引发的差异时，采取的决策和行动。

要真正有效处理变革所引起的差异，就得具备求同存异的能力，适时从别人的观点和立场来看事情。要这么做就必须把先前的金科玉律改变一下，换成新版的："以别人想被对待的方式对待他们。"其实，只要观念上稍微调整一下，变革的成效就有天壤之别的。

在我们生活的世界上，存在着各种各样的“应该”、“必须”等条条框框，它们编织了一个很大的误区，将现实生活中的人们网罗其中，而我们很多人往往习以为常、不假思索地照“章”行事。

我们每个人都生活在社会群体中，因此，我们不可能是一个完全孤立的个体，我们的思想和行为可能时时受到世俗的约束与制约。对于这些规则和方针，你也许不以为然，但同时又无法摆脱束缚，无法确定自己应该遵循哪些规则和方针。

任何事物都不是绝对的。任何规则或法律都不能保证在各种场合均能适用，或取得最佳效果。相比之下，具体情况具体分析的原则应成为我们生活和行事的准则。然而，你可能会发现，违反一条不适用的规定或打破一种荒谬的传统却很困难，甚至不可能。顺应社会潮流有时的确不失为一种生存的手段，然而如果走向极端，这也会成为一种神经过敏症。在某些情况下，按条条框框办事甚至会使你情绪低落、忧心忡忡。

林肯曾经说过："我从来不为自己确定永远适用的政策。我只是在每一具体时刻争取做最合乎情理的事情。"他没有使自己成为某项具体政策的奴隶，即使对于普遍性政策，他也并不强求在各种情况下都加以实施。

如果一种规定或规矩妨碍了人们的精神健康，阻碍人们积极生活，它就是不健康的。如果你知道这种规矩是消极而令人讨厌的，而你又一直遵守规矩，那你就陷入了人生的另一种误区——你放弃了自我选择的自由，让外界因素控制了自己。生活中有两种人，即外界控制型与内在控制型。认真分析一下自己属于哪种类型，这将有助于你进一步审视自己生活中的大量误区性条条框框。

你或许觉得自己在很多事情上也难以做出决定，甚至在小事上也是如此。这是习惯于以是非标准衡量事物的直接后果。如果你在做某些决定时，能抛开一些僵化的是非观念，而不顾忌什么是是非非，你将轻而易举地做出自己的决定。如果你在报考大学时竭力要做出正确的选择，则很可能不知所措，即使做出决定后，也还会担心自己的选择可能是错误的。因此，你可以这样改变自己的思维方法："所谓最好、最合适的大学是不存在的，每一所大学都有其利与弊。"这种选择谈不上对与错，仅仅是各有不同而已。

衡量是否更适合生活的标准并不在于能否做出正确的选择。你在做出选择之后，控制情感的能力则更为明确地反映出自我抑制能力，因为一种所谓正确的标准包含着我们前面谈到的“条条框框”，而你应当努力打破这些条条框框。这里提出的新的思维方法将在两个方面对你有所帮助：一方面，你将完全摆脱那些毫无意义的“应该”标准；另一方面，在消除了是非观念误区之后，你便能够更加果断地做出各种决定。

生活是不断变化的，观念也要不断地更新。无数的事实告诉我们，成功的喜悦总是属于那些思路常新、不落俗套的人。因此，想别人所不敢想，做别人所不敢做，往往会为我们创造意想不到的机遇。

青春加油站

在我们生活的世界中，存在着各种各样的“应该”、“必须”等条条框框，它们编织了一个很大的误区，将现实生活中的人们网罗其中，而我们很多人往往习以为常、不假思索地照“章”行事。

不断创新，成功就会来临

一个没有创新能力的人是可悲的人，一个没有创新意识的人是缺少希望的人。一个人若想改变当前的境遇，必须不断创新。只有锐意创新，成功才会降临到你头上。

日本有一家高脑力公司。公司上层发现员工一个个萎靡不振，面色憔悴。经咨询多方专家后，他们采纳了一个简单而别致的治疗方法——在公司后院中用圆滑光润的800个小石子铺成一条石子小道。每天上午和下午分别抽出15分钟时间，让员工脱掉鞋在石子小道上随意行走散步。起初，员工们觉得很好笑，更有许多人觉得在众人面前赤足很难为情，但时间一久，人们便发现了它的好处，原来这是极具医学原理的物理疗法，起到了一种按摩的作用。

一个年轻人看了这则故事，便开始着手他火红的生意。他请专业人士指点，选取了一种略带弹性的塑胶垫，将其截成长方形，然后带着它回到老家。老家的小河滩上全是光洁漂亮的小石

子。在石料厂将这些拣选好的小石子一分为二，一粒粒稀疏有致地粘满胶垫，干透后，他自己先反复试验感觉，反复修改了好几次后，确定了样品，然后就在家乡批量生产。后来，他又把它们分为好几个规格，产品一生产出来，他便尽快将产品鉴定书等手续一应办齐，然后在一周之内就把能代销的商店全部上了货。将产品送进商店只完成了销售工作的一半，另一半则是要把这些产品送到顾客手里。随后的半个月内，他每天都派人去做免费推介员。商店的代销稳定后，他又开拓了一项上门服务：为大型公司在后院中铺设石子小道；为幼儿园、小学在操场边铺设石子乐园；为家庭装铺室内石子过道、石子浴室地板、石子健身阳台等。一块本不起眼的地方，一经装饰便成了一块小小的乐园。

紧接着，他将单一的石子变换为多种多样的材料，如七彩的塑料、珍贵的玉石，以满足不同人的需要。

小小的石子就此铺就了一个人的成功之路。

不要担心自己没有创新能力，慧能和尚说："下下人有上上智。"创新能力与其他能力一样，是可以通过教育、训练而激发出来并在实践中不断得到提高的。它是人类共有的可开发的财富，是取之不尽、用之不竭的"能源"，并非为哪个人、哪个民族、哪个国家所专有。

因此，人人都能创新。

你现在需要做的就是不断激发自己的创新能力，多一些想法，多一些创造。那么成功迟早会来临。

培育创新能力要克服创新障碍，更要懂得方法。该如何培育创新能力呢？下面的4个步骤将给你提供帮助。

1. 全面深入地探讨创新环境

创新不是在真空中产生，而是来自艰苦的工作、学习和实践。如果你正为一项工作绞尽脑汁，想在这个具体的问题上有所建树，那么，你需要全身心地投入到这项工作中，对其关键的问题和环节做深入的了解，对这项工作进行批判的思考，通过与他人讨论来搜集各种各样的观点，思考你自己在这个领域的经验。总之，要全面深入地探讨创新环境，为创新准备“土壤”。

2. 让脑力资源处于最佳状态

在对创新环境有了全面的认识之后，就可以把你的精力放到手头的工作上来了。要为你的工作专门腾出一些时间，这样你就能不受干扰，专注于你的工作了。当人们专注于创新的这个阶段时，他们一般就完全意识不到发生在他们周围的事，也没有了时间的概念。当你的思维处于这种最理想的状态时，你就会竭尽全力地做好你的工作，挖掘以前尚未开发的脑力资源——一种深入的、“大脑处于最佳工作状态”的创新思路。

让脑力资源处于最佳状态，对于“思想做好准备”是很必要的，我们可以通过以下几种方式来做到让脑力资源处于最佳状态：

（1）调节。当我们进入教堂，我们就会使自己适应这里的气氛，表现出专注和认真，你可以用同样的方式来调节你在学习环境中的注意力，在选择学习环境时，要考虑到它是否有利于你专心地学习。

（2）心理习惯。每个人都具有大量的习惯性的行为，有的行为是积极的，有的则是消极的，大多数则居于两者之间。学习需要全身心地集中和投入，这意味着你要改掉影响全身心投入的坏习惯，如同时总想做好几件事，或用有限的时间去完成很重要的任务。同时，要使脑力资源处于最佳状态，还包括要养成新的心理习惯：找一个合适的地方，调配足够的时间，以及进行认真的和有创意的思考。这些新的习惯可能需要你付出更大的努力，耗费更多的心血，但是，这些行为很快就会成为你自然的和本能的一部分。

（3）冥想。大脑充斥着思想、感情、记忆、计划——所有这一切都在竞争，想引起你的注意。在你整日沉浸于来自方方面面的刺激，需要从身心上做出反应时，这种大脑“吵架”的现象更为严重。为了专注于创新，你需要净化和清理你的大脑。做到这一点的一个有效的方法就是做冥想练习。

3. 运用技巧促使新思维产生

创新的思考要求你的大脑松弛下来，在不同的事情之间寻找联系，从而产生不同寻常的可能性。为了把自己调整到创新的状态上来，你必须从你熟悉的思考模式，以及对某事的固定成见中摆脱出来。为了用新的观点看问题，你必须能打破看问题的习惯方式。为了避免习惯的束缚，你可以用以下几种技巧来活跃你的思维。

（1）群策攻关法。群策攻关法是艾利克斯·奥斯伯恩于1963年提出的一种方法：与他人一起工作从而产生独特的思想，并创造性地解决问题。在一个典型的群策攻关期间，一般是一组人在一起工作，在一个特定的时间内提出尽可能多的思想。提出了思想和观点以后，并不对它们进行判断和评价，因为这样做会抑制思想自由地流动，阻碍人们提出建议。批判的评价可推迟到后一个阶段。应鼓励人们在创造性地思考时，善于借鉴他人的观点，因为创造性的观点往往是多种思想交互作用的结果。你也可以通过运用你思想无意识的流动，以及你大脑自然的联想力，来迸发出你自己的思想火花。

（2）创造“大脑图”。“大脑图”是一个具有多种用途的工具，它既可用来提出观点，也可用来表示不同观点之间的多种联系。你可以这样来开始你的“大脑图”：在一张纸的中间写下你主要的专题，然后记录下所有与这个专题有联系的观点，并用连线把它们连起来。让你的大脑跟随这种建立联系的活动自由地运转。你应该尽可能快地思考，不要担心次序或结构，让其自然地呈现出结构，要反映出你的大脑自然地建立联系和组织信息的方式。一旦完成了这个过程，你就能很容易地在新的信息和你不断加深理解的基础上，修改其结构或组织。

4. 留出充裕的酝酿时间

把精力专注于你的工作任务之后，创新的下一个阶段就是停止你的工作，为创新思想留出酝酿时间。虽然你的大脑已经停止了积极的活动，但是，你的大脑仍在继续运转——处理信息，使信息条理化，最终产生创新的思想和办法。这个过程就是大家都知道的“酝酿成熟”的阶段，因为它反映了创新思维的诞生过程。当你在从事你的工作时，你从事创新的大脑仍在运转着，直到豁然开朗的那一刻，酝酿成熟的思想最终会喷薄而出，出现在你大脑的意识层。最常见的情况是这样的，当参加一些与某项工作完全无关的活动时，这个豁然开朗的时刻常常会来临。

创新并不神秘，但它的力量却异常的强大和神奇。为了在现代竞争中占据一席之地，不断地创新是唯一的出路。

青春加油站

> 一个没有创新能力的人是可悲的人，一个没有创新意识的人是缺少希望的人。一个人若想改变当前的境遇，必须不断创新。只有锐意创新，成功才会降临到你头上。

没有笨死的牛，只有愚死的汉

俗话说：“山不转，路转；路不转，人转。”我国古书《易经》也说：“穷则变，变则通。”的确，天无绝人之路，遇到问题时，只要肯找方法，总会解决问题、取得成功的。

人们都渴望成功，那么，成功有没有秘诀？其实，成功的一个很重要的秘诀就是寻找解决问题的方法。俗话说：“没有笨死的牛，只有愚死的汉。”任何成功者都不是天生的，只要你积极地开动脑筋，寻找方法，终会“守得云开见月明”。

世间没有死胡同，就看你如何寻找方法，寻找出路。且看下面这个故事是如何打破人们心中“愚”的瓶颈，从而找到自己成功的出路。

当你驾车驶在路上，眼看就要到达目的地了，这时车前突然出现一块警示牌，上书4个大字：“此路不通！”这时你会怎么办？

有人选择仍走这条路过去，大有不撞南墙不回头之势。结果可想而知，已言明“此路不通”，那个人只能在碰了钉子后灰溜溜地调转车头返回。这种人在工作中常常因“一根筋”思想而多次碰壁，空耗了时间和精力，却无法将工作效率提高一丁点，结果做了许多无用功。

有人选择停车观望，不再向前走，因为“此路不通”，却也不调头，或者是认为自己已经走了这么远，再回头心有不甘且尚存侥幸心理，若我走了此路又通了岂不亏了；或者是想如果回头了其他的路也不通怎么办？结果停车良久也未能前进一步。这种人在工作中常常会因懦弱和优柔寡断而丧失机会，业绩没有进展不说，还会留下无尽的遗憾。

还有另一类人，他们会毫不犹豫地调转车头，去寻找另外一条路。也许会再次碰壁，但他们仍会不断地进行尝试，直到找到那条可以到达目的地的路。这种人是工作中真正的勇者与智者，他们懂得变通，直到寻找到解决问题的办法，并且往往能够取得不错的业绩。

A地由于一些工厂排放污水，使很多河流污染严重，以至于下游居民的正常生活受到了威胁，环保部门联合有关当局决定寻找解决问题的办法。他们考虑对排污工厂进行罚款，但罚款之后污水仍会排到河流中，不能从根本上解决问题。有人建议立法强令排污工厂在厂内设置污水处理设备。本以为问题可以得到彻底解决，但在法令颁布之后发现污水仍不断地排到河流中。而且，有些工厂为了掩人耳目，对排污管道乔装打扮，从外面不能看到破绽，可污水却一刻不停地在流。

之后，当地有关部门立刻转变方法，采用著名思维学家德·波诺提出的设想：立一项法律——工厂的水源输入口，必须建立在它自身污水输出口的下游。

看起来是个匪夷所思的想法，经事实证明却是个好方法。它能够有效地促使工厂进行自律：假如自己排出的是污水，输入的也将是污水，这样一来，能不采取措施净化输出的污水吗?

面对问题，成功者总是比别人多想一点，老王就是这样的人。

老王是当地颇有名的水果大王，尤其是他的高原苹果色泽红润，味道甜美，供不应求。有一年，一场突如其来的冰雹把将要采摘的苹果砸开了许多伤口，这无疑是一场毁灭性的灾难。然而面对这样的问题，老王没有坐以待毙，而是积极地寻找解决这一问题的方法，不久，他便打出了这样的一则广告，并将之贴满了大街小巷。

广告上这样写道：“亲爱的顾客，你们注意到了吗？在我们的脸上有一道道伤疤，这是上天馈赠给我们高原苹果的吻痕——高原常有冰雹，只有高原苹果才有美丽的吻痕。味美香甜是我们独特的风味，那么请记住我们的正宗商标——伤疤！”

从苹果的角度出发，让苹果说话，这则妙不可言的广告再一次使老王的苹果供不应求。

世上无难事，只怕有心人。真正杰出的人，都富有积极的开拓和创新精神，他们绝不会在没有努力的情况下，就找借口逃避。条件再难，他们也会创造解决的条件；希望再渺茫，他们也会找出许多办法去寻找希望。因为他们相信，没有笨死的牛，只有愚死的汉。只要积极开动脑筋，寻找方法，总能找到解决之道，走出困境。

青春加油站

世上无难事，只怕有心人。面对问题，如果你只是沮丧地待在屋子里，便会有禁锢的感觉，自然找不到解决问题的正确方法。如果将你的心锁打开，开动脑筋，勇敢地打破自己固定思维的枷锁，你将收获很多。

对问题束手无策的6种人

在工作和生活中，有些人在面对问题时，不积极地开动脑筋，主动寻求解决的方法，而是一味抱怨，或找出种种自以为冠冕堂皇的理由来推脱，所以很难成就什么大事。在此，我们将这些人具体分为以下6类，以示警醒。

第一种人：爱找借口的人

生活中，不知有多少人抱怨自己缺乏机会，并使劲为自己的失败寻找借口。为什么他们总是如此煞费苦心地找寻借口，却无法将工作做好呢？如果每个人都善于寻找借口，那么努力尝试用找借口的创造力来找出解决困难的办法，也许情形会大大地不同。如果你存心拖延、逃避，你自己就会找出成千上万个理由来辩解为什么不能够把事情完成。事实上，把事情“太困难、太无头绪、太麻烦、太花费时间”等种种理由合理化，确实要比相信“只要我们足够努力、勤奋，就能做成任何事”的信念要容易得多。但如果我们经常为自己找借口，我们就做不成任何事，这对我们以后的职业生涯也是极为不利的。

如果你常常发现，自己会为没做或没完成的某些事而制造借口，或想出成百上千个理由为事情未能照计划实施而辩解，那么，你自己不妨还是多做自我批评，多多地自我反省吧！

第二种人：凡事拖延的人

拖延是解决问题的最大敌人，它不仅会影响工作的执行，更会带来个人精力的极大浪费。

拖延并不能使问题消失，也不能使解决问题变得容易起来，而只会使问题深化，给工作造成严重的危害。我们没解决的问题会由小变大，由简单变复杂，像滚雪球那样越滚越大，解决起来也越来越难。而且，没有任何人会为我们承担拖延的损失，拖延的后果可想而知。

社会学家库尔特·卢因曾经提出一个概念，叫作“力场分析法”。在这里面，他描述了两种力量：阻力和动力。他说，有些人一生都踩着刹车前进，比如被拖延、害怕和消极的想法捆住手脚；有的人则是一路踩着油门呼啸前进，比如始终保持积极、合理和自信的心态。这一分析同样适用于工作。如果你希望在职场中生存和发展，你得把脚从刹车踏板——拖延上挪开。

第三种人：投机取巧的人

古罗马人有两座圣殿，分别是勤奋的圣殿和荣誉的圣殿，在安排座位时，他们有一个顺序：必须经过前者，才能到达后者。荣誉的必经之路是勤奋，试图投机取巧，想绕过勤奋就获得荣誉的人，总是被荣誉拒之门外。

许多生活中的实例证明，不管面临什么样的问题，如果总想投机取巧，表面上看，也许会节省一些时间或精力，但最终往往会导致更大的浪费。而且，投机取巧会使我们的能力日渐消退。

只有努力寻找方法，将工作做到完美，我们才会收获得更多。

第四种人：浅尝辄止的人

在自然界，每一个物种都在发展和改变自己，以求适应环境，获得生存空间。生命的演化如此，生活和事业的发展也是如此。社会对个人提出了更高、更广、更深的要求，泛泛地了解一些知识和经验，是远远不够的。企图掌握好几十种职业技能，还不如精通其中一两种。什么事情都知道些皮毛，还不如在某一方面懂得更多，理解得更透彻。因为这样，我们就能将精力集中在一个方向上，从而使得前进路上的方法比问题多，就足以使自己获得巨大的成功。

有一位发明家，他尝试着发明一种新型的榨汁机，但是经过多次挫折后，他丧失了信心，在离成功只有一步之遥时，他放弃了努力。他将长时间积累的职业经验和资源都舍弃了，自然也就无法形成自己的核心能力。

许多“离成功只有一步之遥”的人，恰恰因为缺乏最后跨入成功门槛的勇气而功败垂成，这是他们为浅尝辄止所付出

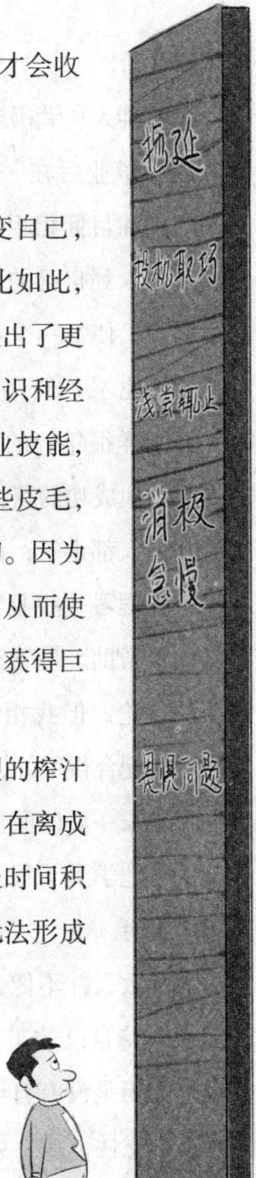

的沉重代价。

第五种人：消极怠慢的人

王峰毕业后在一家服装公司从事销售工作，虽然这与他当初的理想和目标相距甚远，但他没有消极悲观，他满怀热情并全身心地投入到自己的工作中。他把热情与活力带到了公司，传递给了客户，使每一个和他接触的人都能感受他的活力。正因为如此，尽管他才工作了一年，就被破格提升为销售部主管。

而同样很年轻的李远，也在短期内被提升为公司的管理层。有人问到他成功的秘诀时，他答道："在试用期内，我发现每天下班后其他人都走了，而老板却常常工作到深夜。我希望能够有更多的时间学习一些业务上的东西，就留在办公室里，同时给老板提供一些帮助。尽管没人这么要求我，而且我的行为还受到一些同事的议论，但我相信我是对的，并坚持了下来。长时间下来，我和老板配合得很好，他也渐渐习惯要我负责一些事……"

在很长一段时间里，李远并未因积极主动的工作而获取任何酬劳，可他学到了很多知识并获得了老板的赏识与信任，赢得了升职的机会。

大多数人并不像王峰和李远，他们常常以一种怠惰而被动的态度来对待自己的工作，在遇到问题时也不急于寻求解决之道。其实他们不是没有自己的理想，但一遇到困难就放弃，他们缺少一种精神支柱，缺少克服困难、解决问题的主动性。

一个人在工作时所表现出来的精神面貌，不仅会对工作效率和工作质量有影响，而且对他品格的形成也有很大影响。不管你的工作和地位是如何的平凡，倘若你能够全身心投入你的工作，就像艺术家投身于他的作品，那么所有的疲劳与懈怠都会消失。其实，我们在各行各业都有施展才华和升职的机会，关键看你是不是以积极主动的态度来对待你的工作，以积极主动的态度来寻找解决问题的方法。

第六种人：畏惧问题的人

获得成功，谈何容易？这需要克服各种困难，解决各种问题。

好比赤手空拳去建立自己的王国，你要招揽人才，建立军队，开辟领地，确立制度，发展经济，治理国民，每一项工作都存在着许多困难和问题，需要你去克服解决。

不管你的王国属于哪种行业，情形都是一样，当然，王国的规模愈大，问题就愈多、愈复杂。

重要的问题不解决，便会招致失败。即使这个问题解决了，又会有新问题出现。总之，在你面前，经常潜伏着失败的阴影。

胆怯的人，一想到要面对重重困难，想到失败，便会停下脚步，不敢往前走。结果，未起步的，永远停在原地；已起步的，就半途而废。

巴顿将军有句名言："一个人的思想决定一个人的命运。"不敢向高难度的问题挑战，对问题束手无策，是对自己能力的否定，只能使自己无限的潜能化为有限的成就。只有勇于向问题挑战，才能获得成功。

青春加油站

> 面对困难，一个人解决问题的能力就会突显出来。他可能并不缺少工作的热情，也绝对的敬业，但工作成效却不尽如人意，面对问题也往往束手无策。只有勇于向问题挑战，才能获得成功。

方法是解决问题的敲门砖

拿破仑·希尔曾说：“你对了，整个世界就对了。”当你的工作或生活出现问题的时候，换一种方法，换一种思路，事情就会豁然开朗，因为，方法是完美地解决问题的敲门砖，方法对了，一切问题就能够迎刃而解。

日本的火箭研制成功后，科学家选定A海岛做发射基地。经过长久的准备，进入可以实际发射的阶段时，A岛的居民却群起反对火箭在此发射。于是全体技术人员总动员，反复地与岛上居民谈判、沟通以求得他们的理解。可是，交涉却一直处于泥淖状态，虽然最后终于说服了岛上的居民，可是前后却花费了3年的时间。

后来他们重新检讨这件事情时，发现火箭的发射基地并不是非A岛不可。当时只要把火箭运到别的地方，那么，3年前早就完成发射了。可是此前，却从来没有人发现这个问题。当时他们太执着于如何说服岛民这个问题，所以才连“换个地方”这么简单而容易的方法都没有想到。

在我们的工作和生活中，类似的例子屡见不鲜。销售经理经常对业务受挫的推销员说：“再多跑几家客户！”上司常对拼命工作的下属说：“再努力一些！”但是这些建议都有一个漏洞。就像有人曾经问一位高尔夫球高手：“我是不是要多做练习？”高尔夫球高手却回答道：“不，如果你不先把挥杆的要领掌握好，再多的练习也没用。”

一个人之所以成功，很多时候并不是看他是否勤奋和努力，更多时候是看他能不能迅速地找到解决问题最简单的方法。

美国前总统罗斯福在参加总统竞选时，竞选办公室为他制作了一本宣传册，在这本册子里有罗斯福总统的相片和一些竞选信息，而且要马上将这些宣传册印刷出来。可就在要分发这些宣传册的前两天，突然传来消息说这本宣传册中的一张图片的版权出现了问题，他们无权使用，这张照片归某家照相馆所有。时间已经来不及了，可如果这样分发下去，将意味着一笔巨大的版权索赔费用。

一般情况下的做法是派人去这家照相馆协调，以最低的价格买下这张照片的版权。可是竞选办公室并没有这样做，他们通知该照相馆：总统竞选办公室将在他们制作的宣传册中放一幅罗斯福总统的照片，贵照相馆的一幅照片也在备选之列。由于有好几家照相馆都在候选名单中，所以竞选办公室决定借此机会进行拍卖，出价最高的照相馆会得到这次机会。如果贵馆感兴趣的话，可以在收到信后的两天内将投标寄出，否则将丧失竞价的机会。

结果，很快竞选办公室就收到这家照相馆的竞标和支票。这本来是一个应向对方付费的问题，由于找到了合适的方法，却变为对方付费的问题！运用正确的方法，竞选办公室不仅解决了问题，而且还把问题变成了机会。法国物理学家朗之万在总结读书的经验与教训时深有体会地说：“方法得当与否往往会主宰整个读书过程，它能将你托到成功的彼岸，也能将你拉入失败的深谷。”

英国著名的美学家博克说：“有了正确的方法，你就能在茫茫的书海中采撷到斑斓多姿的贝壳。否则，就会像瞎子一样在黑暗中摸索一番之后仍然空手而回。”

这些话中所包含的道理并非仅仅指读书，生活中许多时候，方法是十分重要的。面对一个难题时，我们不仅需要良好的态度和精神，需要刻苦和勤奋，而且需要掌握科学的方法。

许多成功者，他们都有一个共同的特点——开动脑筋，寻找方法。因为他们知道，在这个世界上，唯有方法，才是完美解决问题的敲门砖。逃避问题的投机取巧者无法成功，不去寻找方法的偷懒者更是永远没有出头之日。

青春加油站

许多成功者，他们都有一个共同的特点——开动脑筋，寻找方法。因为他们知道，在这个世界上，唯有方法，才是完美解决问题的敲门砖。逃避问题的投机取巧者无法成功，不去寻找方法的偷懒者更是永远没有出头之日。

只要思想不滑坡，方法总比困难多

某公司成立以来，事业可谓蒸蒸日上。但因受经济危机的影响，今年的利润却大幅滑落。董事长知道，这不能怪员工，因为大家为公司拼命的程度丝毫不比往年差，甚至可以说，由于人人意识到经济的不景气，干得比以前更卖力。这也就愈发加重了董事长心头的负担，因为马上要过年，照往例，年终奖金最少发 3 个月的工资，多的时候，甚至再加倍。今年可惨了，算来算去，顶多只能给一个月的工资做奖金。“这要是让多年来已被惯坏了的员工知道，士气真不知要怎样滑落！”董事长忧心忡忡地对总经理说。“许多员工都以为最少加两个月，恐怕飞机票、新家具都定好了，只等拿奖金出去度假或付账单呢！”总经理也愁眉苦脸了，“好像给孩子糖吃，每次都抓一大把，现在突然改成两颗，小孩儿一定会吵。”“对了！”董事长突然灵机一动，“你倒使我想起小时候到店里买糖，总喜欢找同一个店员，因为别的店员都先抓一大把拿去秤，再一颗一颗往外拿。那个比较可爱的店员则每次都抓不足重量，然后一颗一颗往上加。说实在话，最后拿到的糖没什么差异，但我就是喜欢后者。”董事长已经有了主意。没过几天，公司突然传来小道消息——“由于营业不佳，年底要裁员，上层正在确定具体实施方案。”顿时人心惶惶了。每个人都在猜，会不会是自己。最基层的员工想：“一定由下面杀起。”上面的主管则想：“我的薪水最高，只怕从我开刀！”但是，不久之后，总经理就宣布：“公司虽然艰苦，但大家乘同一条船，再怎么危险也不愿牺牲共患难的同事，只是年终奖金绝不可能发了。”

一听说不裁员，人人都放下心头的一块大石头，那不致卷铺盖的窃喜早胜过了没有年终奖金的失落。

眼看新年将至，人人都做了过个穷年的打算，取消了奢华的交往和昂贵的旅游计划。

突然，董事长召集各部门主管召开紧急会议。

看到主管们匆匆上楼，员工们面面相觑，心里都有点儿七上八下：“难道又变了卦？”

没几分钟，主管们纷纷冲进自己的部门，兴奋地高喊着：“有了！有了！还是有年终奖金，整整 1 个月，马上发下来，让大家过个好年！”

整个公司大楼爆发出一片欢呼，连坐在顶楼的董事长都感觉到了地板的震动。

青春加油站

> 只要肯动脑，方法总比困难多。

第八章

你和梦想之间，只差一个行动

行动永远是第一位的

英国前首相本杰明·迪斯雷利曾指出，虽然行动不一定能带来令人满意的结果，但不采取行动就绝无满意的结果可言。

因此，如果你想取得成功，就必须先从行动开始。

天下最可悲的一句话就是：“我当时真应该那么做，但我却没有那么做。”经常会听到有人说：“如果我当年就开始做那笔生意，早就发财了！”一个好创意胎死腹中，真的会叫人叹息不已，永远不能忘怀。一个人被生活的困苦折磨久了，如果有了一个想要改变的梦想，那他已经走出了第一步，但是若想看见成功的大海，只走一步又有什么用呢？

曾亲眼看见两位老友因车祸去世而患上抑郁症的美国男子沃特，在无休止的暴饮暴食后，体重迅速膨胀到了无法自抑的地步，直线逼近200公斤。当逛一次超市就足以让沃特气喘吁吁缓不过气儿时，沃特意识到自己已经到了绝境。绝望之中的沃特再也无法平静，他决定做点什么。

打开年轻时的相册，里面的自己是一个多么英俊的小伙子啊。深受刺激的沃特决定开始徒步全美国的减肥之旅，迅速收拾好行囊，沃特拖着接近200公斤的庞大身躯出发了。穿越了加利福尼亚的山脉，行走了新墨西哥的沙漠，踏过了都市乡村，旷野郊外……整整一年时间，沃特都在路上。他住廉价旅馆，或者就在路边野营。他曾数次遇到危险，一次在新墨西哥州，他险些被一条有剧毒的眼镜蛇咬伤，幸亏他及时开枪将之打死。至于小的伤痛简直就是家常便饭，但是他坚持走过了这一年，一年后，他步行到了纽约。

他的事情被媒体曝光后，深深触动了美国人的神经。这个徒步行走立志减肥的中年男子，被《华盛顿邮报》、《纽约时报》等媒体誉为“美国英雄”，他的故事感动了美国。不计其数的美国人成为沃特的支持者，他们从四面八方赶来，为的就是能和这个胖男人一起走上一段路。每到一个地方，就会有沃特的支持者们在那里迎接他。

当他被美国一个知名电视节目请到现场时，全场掌声雷动，为这个执着的男人欢呼。出版商邀请他写自传，电视台找他拍摄专辑……更不可思议的是，他的体重成功减掉50公斤，这是一个多么惊人的数字！

许多美国人都说，沃特的故事使他们深受激励，原来只要行动，生活就可以过得如此潇洒。沃特说这一切让他感到意外：“人们都把我看作是一个美国英雄式的人物，但我只是一个普通人，现在我意识到，这是一次精神的旅行，而不仅仅是肉体。”他的个人网站“行走中的胖子”，吸引了无数访问者，很多慵懒的胖子开始质问自己："沃特可以，为什么我不可以？"

徒步行走这一年，沃特的生活发生了巨变。从一个行动迟缓的胖子到一个堪比"现代阿甘"的传奇式人物，沃特用了一年的时间，他的收获绝不仅仅是减肥成功这么简单。放弃舒适的固有生活，做一种人生的改变，人人都可以做到，但未必人人愿意行动。所以，沃特成功了。

你也是，只要付诸行动，没有什么不可以。勇敢行动起来，创造自己生命的奇迹吧！

青春加油站

> 一个人的行为影响他的态度，行动能带来回馈和成就感，也能带来喜悦，通过潜心的工作能得到自我满足和快乐。如果你想寻找快乐，如果你想发挥潜能，如果你想获得成功，就必须积极行动，全力以赴。

消除犹豫不决的行动障碍

世界上有许多人没意识到自己的潜力，过分的谨慎阻碍了他们前进的脚步。他们知道自己能干得更好，但他们从没有努力争取过。同那些比他们成功的人相比，他们有同样的能力取得事业上的成功，但他们自觉不如，总是找很多的理由说服自己。

他们看见了机遇，但不去抓住它们。他们看到老朋友成功了，就纳闷自己为什么不行。他们想拥有万贯家财，但就是不采取行动。

从很大程度上看，是由于他们的惰性和忧虑造成的。惰性指的是物体保持自身原有的运动状态的性质，不受外力作用就不会变化。惰性的原理也适用于人，也许就适用于你。要想在工作中取得成绩，必须得下大决心、花大力气。

在面对是否采取行动的问题上，特别是当这种行动涉及冒险时，我们会发现自己容易犹豫不决、坐失良机。在这种情况下，有个声音总是在耳边说：不要轻易去尝试，不要轻易鲁莽行动，这里很可能有危险。

缺乏信心是人们常常犹豫不决的原因。我们能完全意识到我们的弱点，而怀疑就经常从这里产生。我们小心谨慎，宁愿推迟重大的决定，有时甚至无动于衷。

有一位幽默大师曾说："每天最大的困难是离开温暖的被窝走到冰冷的房间。"他说得不错，当你躺在床上认为起床是件不愉快的事时，它就真的变成一件困难的事了。就是这么简单的起床动作，即把棉被掀开，同时把脚伸到地上的自动反应，都足以击退你的恐惧。

为了养成行动的好习惯，你可以遵照以下两点去做。

第一，用自动反应去完成简单的、烦人的杂务。

不要想它烦人的一面，什么都不想就直接投入，一眨眼就完成了。

大部分的家庭主妇都不喜欢洗碗，拿破仑·希尔的母亲也不例外。但她自己发明了一套做法来解决这个问题，以便有时间做她喜欢做的事。

她离开饭桌时，便带着空盘子，在她根本没想到洗碗这个工作时，就已经开始洗碗了，几分钟就可以洗好。这种做法不是比清洗一大堆放了很久的脏盘子更好吗?

现在就开始练习，先做一件你不喜欢的事，在还没想到它讨厌之前就赶快做，这是处理杂务最有效的方法。

第二，将这种方法推而广之。

把这种方法应用到“设计新构想”、“拟订新计划”、“解决新问题”，以及应用到需要仔细推敲的工作上。不能等精神来推动你去做，要推动你的精神去做。

这里有个技巧保证有效，用一支铅笔和白纸去写计划。铅笔是使你“全神贯注”的最好工具。潜能大师安东尼·罗宾认为，如果要从“布置豪华、设备完善的办公室”跟“铅笔与纸”中任选一项来提高工作效率的话，他宁肯选择铅笔与纸，因为用铅笔与纸可以把心思牢牢专注在一个问题上。

把你的想法写在纸上时，你的注意力就会集中在上面，你的潜能也会因此而被发掘出来。因为我们无法一心二用，何况你在纸上写东西时，也会同时将它写在心里。如果把相关的想法同时写出来，就可以记得更久，记得更准确，这是许多实验已经证实并得出的结论。

一旦养成这个习惯，你的思想就会促使你行动，你的行动就会引发新的行动。

青春加油站

> 行动能使人走向成功，这似乎是人尽皆知的道理，但当人们行动前，往往就会犹豫不决，畏葸不前。“语言的巨人，行动的矮子”不在少数。你总是在无意识地寻找各种维持现状的理由，其实是因为你没有决心，没有勇气。你根本不需要考虑这么多，只要付诸行动，一切的犹豫就会自行消散。

克服拖延的毛病

《明日歌》这样写道：“明日复明日，明日何其多！我生待明日，万事成蹉跎。”这就说明拖延给我们的生活带来的影响。生活中拖延的现象屡见不鲜，但拖延久了，事事拖延，就养成了一种习惯，这种习惯势必让你产生病态的拖延心理。拖延心理会让人一事无成，甚至毁掉你的前程。所以生活中一定要改掉拖延的毛病，你才能成功。

人为什么会被“拖延”的恶魔所纠缠，很大的原因在于当认识到目标的艰巨时所采取的一种逃避心理——能以后再面对的就以后再面对，只要今天舒服就行。拖延就这样成为了“逃避今天的法宝”，而逃避是弱者最明显的特征。

有些事情你的确想做，绝非别人要求你做，尽管你想，但却总是在拖延，想将来某个时间再做。你会跟自己说：“我知道我要做这件事，可是我也许会做不好或不愿意现在就做。应该准备好再做。”每当你需要完成某个艰苦的工作时，你都求助于这种所谓的“拖延法宝”，这个法宝成了你最容易、也是最好的逃避方式。

人的本质都是懦弱的，从这一点上说，拖延和犹豫是人类最合乎人性的弱点，但是正因为它合乎人性，没有明显的危害，所以无形中耽误了许多事情。你拖延得了一时，却拖延不过一世，今天你利用拖延避免了危险和失败，但是，在你避免可能遭到失败的同时，你也失去了取得成功的机会。

不要逃避今天的责任而等到明天去做，因为，明天是永远不会来临的。现在就采取行动吧，即使你的行动不会使你马上成功，但是总比坐以待毙要好。即使成功可能不是行动所摘下来的那个果子，但是，没有行动，任何果子都会烂掉。

现在必须采取行动。你要一遍又一遍，每一小时、每一天，重复这句话，一直等到这句话像你的呼吸一样融入你的生命。而你的行动，要像你眨眼睛那种本能一样迅速。任何时候，当你感到拖延的恶习正悄悄地向你靠近，或者此恶习已迅速缠上你，使你动弹不得之际，你都需要用这句话提醒自己。

当你养成“现在就动手做”的习惯，那么你就将掌握个人主动进取的精髓。

记住，立即行动！

青春加油站

人生总有许多理想和憧憬，假使你能够将一切憧憬都抓住，将一切理想都实现，将一切计划都执行，那你事业上的成就，真不知要怎样的宏大；你的生命，真不知有多伟大！然而，总是有很多人有憧憬而不去抓住，有理想而不去实现，有计划而不去执行，最终使各种憧憬、理想、计划破灭。

制订切实可行的计划

生物学家沃森在回顾自己的职业生涯时说："我的助手有一个非常好的习惯，这也是我一直没有替换他的主要原因。他有一本形影不离的工作日记，每天早晨，他都会把前一天写好的工作计划再翻看一遍，而在一天的工作结束后，他要对这一天的工作进行总结，同时把第二天的计划再做出来。"

制订计划是一种很好的习惯，它能有效地引导我们的行动，使我们的生活变得井井有条起来。那么，我们又该如何制订切实可行的计划呢？

没有一个明确可行的工作计划，必然会浪费时间，要高效率地工作就更不可能了。试想，如果一个搞文字工作的人把资料乱放，就是找个材料都会花半天工夫，那么他的工作是没有效率可言的。工作的有序性，体现在对时间的支配上，首先要有明确的目的性，很多成功人士就指出，如果能把自己的工作任务清楚地写下来，便是很好地进行了自我管理，就会使得工作条理化，因而使得个人的能力得到很大的提高。

只有明确自己的工作是什么，才能认识自己工作的全貌，从全局着眼安排工作，防止每天陷于杂乱的事务之中。明确的办事目的将使你正确地掂量各个工作的不同侧重，弄清工作的主要目标，防止不分轻重缓急，耗费时间又办不好事情。

在制订工作计划的过程中，我们不仅要明确自己的工作是什么，还要明确每年、每季度、每月、每周、每日的工作及工作进程，有条理地工作。要为日常工作和下一步进行的项目编出目录，这不但是一种不可低估的时间节约措施，也是提醒我们记住某些事情的方法，可见，制订一个合理的工作日程是多么重要。

工作日程与计划不同，计划在于对工作的长期计算，而工作日程表是指怎样处理现在的问题。比如今天、明天的工作，就是逐日推进的计划。有许多人抱怨工作太多又太杂乱，实际是由于他们不善于制定日程表，无法安排好日常工作，有时候反而抓住没有意义的事情不放，从而被工作压得喘不过气来。

菲尔德爵士指出：“制订计划是为

了达成计划，计划制订好之后，就要付诸行动去实现它。如果不化计划为行动，那么所制订的计划就失去了意义。”

在这个世界上，想成功没有别的途径，只有行动才是达成计划的唯一途径。

计划制订好后，就不能有一丝一毫的犹豫，而要坚决地投入行动。观望、徘徊或者畏缩都会使你延误时间，以致使计划化为泡影。

很多人都有过这样的经历，刚订好计划时颇有磨刀霍霍的干劲，可是过了3个星期后就没劲了，更别提实现计划的自信了。当你拟妥一项计划后，首要的步骤就是把它写在纸上，当你把计划写下来之后，随之而来最重要的一步就是立即让自己行动起来，向着实现计划的方向拿出具体的行动，可别一拖再拖。一个真正的决定必然是有行动的，并且还是立即行动。你要针对自己的计划采取积极的行动。先别管要行动到什么程度，最重要的是要行动起来，打一个电话或拟一份行动方案，只要在接下去的10天内每天都有持续的行动。当你能这么做时，这10天的行动必然会形成习惯，最终把你带向成功。

把计划转化为行动，可尝试按以下步骤进行：

1. 将没有开始行动的若干原因写下来

为什么我当时没有行动？是不是当时有什么困难？回答这些问题有助于你认识未付诸行动的原因，乃是跟去做的痛苦有关，因此宁可拖延。如果你认为这跟痛苦无关的话，那么不妨再多想一想，或许是这个痛苦在你眼里微不足道，以至于你并不认为那是痛苦。

2. 写出如果你不马上改变所造成的后果

如果你再不停止吃那么多甜食，那么会怎么样？如果你不停止抽烟，后果会如何？如果你不打认为应该打的电话会怎样？如果你不每天运动的话，对健康会有什么影响？2年、3年、4年及5年后会生出什么样的毛病？如果你不改变的话，在人际关系上得付出什么样的代价？在自我形象上会付出什么代价？在钱财上会付出什么样的代价？对这些问题你要怎么回答呢？找出能使你感到痛苦的答案，那么痛苦便会成为你的朋友，帮助你改掉许多坏习惯，以实现人生计划。

青春加油站

现代社会，节奏越来越快，要做的事越来越多，如何从纷繁复杂的大小事中确定你真正要做的事，冲破迷雾明确人生目标呢？你需要的是计划，短至日常工作计划，长至人生计划，由它们指引你在人生路上取得节节胜利。

抱怨失败不如用行动接近成功

一张地图，不论它多么详细，比例尺有多么精确，也不能够带它的主人在地面上移动一寸。一本羊皮纸的法典，不论它有多么公正，也绝不能够预防罪行。一个卷轴，绝不会赚一分钱或制造一个赚钱的字。只有行动，才是导火线，才能够点燃地图、羊皮纸、卷轴的价值。行动，才是滋润成功的食物和水，因此我们必须铭记“行动”这个成功准则，绝不拖延和犹豫不决。

我们不逃避今天的责任，现在就采取行动吧，即使行动不会马上产生结果，但是，动而失败总比坐而待毙好。即使财富可能不是行动所摘下来的那个果子，但是，没有行动，任何果子都会烂掉。一定要行动起来！

当我们醒来，而失败者还要多睡一个小时的时候，我们要说这句话，接着从床上跳下来。

当我们走进市场，而失败者还在考虑是否会遭到拒绝的时候，我们要说这句话，并立刻面对我们第一个可能的顾客。

当我们遇到人家闭着门，而失败者带着惧怕和惶恐的心情在门外徘徊的时候，我们要说这句话，并随即敲门。

当我们面临诱惑的时候，我们要说这句话，抄大路行动，离

2
1
3

开邪恶。

当我们想停下来明天再做的时候，我们要说这句话，并立刻行动。

只有行动才能决定我们在市场上的价值，要想扩大我们的价值，就要加强我们的行动。

当失败者想休息的时候，我们要工作。

当失败者仍在沉默的时候，我们要说话。

当失败者说太迟的时候，我们要说已经做好了。

狮子饥饿的时候会吃，苍鹰口渴的时候会喝，如果它们不采取行动的话，两者都会灭亡。如果我们不采取行动，我们就会在失败中过一辈子。

成功不会等待，也不会从地下冒出来，如果我们犹豫不决，它就会永远弃我们而去。

青春加油站

> 只有行动才能决定我们在市场上的价值，要想扩大我们的价值，就要加强我们的行动。

凡事不要自我设限

几年前，李莉南下深圳求职，根据她的经验和能力，管理一个部门绝对没有问题。

李莉的一个朋友对通信行业比较熟悉，人缘也不错。于是，朋友给一家电信公司的张总工程师打了个招呼，然后让李莉和对方约定时间面试。李莉认为自己没有在大电信公司做过主管，怕面试无法通过，又担心做不好工作，会损了朋友的面子，只好“退而求其次”，想自己通过招聘渠道找工作。

李莉先给几家用人单位寄去简历，却石沉大海毫无消息。接着，李莉又去找人才市场和职业介绍所，也面试了几家用人单位，但结果往往是“高不成低不就”。

时间一晃一个月过去了，李莉也急了。最后，李莉决定打电话给张总工程师。秘书接过电话问道:“请问您找哪一位？”

李莉回答说:“请找张总。”

秘书说:“对不起，张总正在开会，可以请您留下口信吗？”李莉觉得彼此不熟，又不好意思留口信，只好挂了电话。

朋友看在眼里，急在心里，给李莉讲了一个“跳蚤的故事”。

有人曾经做过这样一个实验：他往一个玻璃杯里放了一只跳蚤，发现跳蚤立即轻易地跳了出来。再重复几遍，结果还是一样。根据测试，跳蚤跳的高度一般可达它身体的400倍左右。

接下来实验者再次把这只跳蚤放进杯子里，不过这次在杯子上加一个玻璃盖，“嘣”的一声，跳蚤重重地撞在玻璃盖上。跳蚤十分困惑，但是它不会停下来，因为跳蚤的生活方式就是“跳”。一次次被撞，跳蚤变得聪明起来了，它根据盖子的高度来调整自己跳的高度。过了一阵，这只跳蚤再也没有撞击到这个盖子，而是在盖子下面自由地跳动。

一天后，实验者把这个盖子轻轻拿掉了，它还是在原来的高度继续地跳。3天以后，他发现这只跳蚤还在那里跳。

一周以后发现，这只可怜的跳蚤还在这个玻璃杯里不停地跳着，它已经无法跳出这个玻璃杯了。

让这只跳蚤再次跳出这个玻璃杯的方法十分简单，只需拿一根小棒子突然重重地敲一下杯子；或者拿一盏酒精灯在杯底加热，当跳蚤热得受不了的时候，它就会“嘣”的一下，跳出来……

李莉很快就领悟到其中的意思，默然半晌，没有作声。

第二天一早，李莉就给张总打电话，又是秘书接的电话，见李莉直呼张总的名字，秘书不敢怠慢，很快接通电话……面试很顺利，李莉顺利地成为了部门主管。

现在，李莉已成为该公司的资深主管，上司正准备提升她为副总经理。张总工程师现在也已经成为总经理。张总多次对李莉的朋友说：“真该好好感谢你啊，要不我上哪儿去找这么好的得力助手啊？”

在上面的故事里，跳蚤真的不能跳出这个杯子吗？绝对不是。而是因为，它的心里面已经默认了这个杯子的高度是自己无法逾越的。这种现象被称为“自我设限”。

在生活中，是否有许多人像这只跳蚤一样，不断自我设限呢？年轻时雄心万丈，意气风发，一旦遭遇挫折，便开始怀疑自己的能力，抱怨上天不公。慢慢地，他们不是想方设法去追求成功，而是一再地降低成功的标准。他们已经在挫折和困难面前屈服了，或者已习惯了。他们因为害怕去追求成功，而甘愿忍受糟糕的生活。他们害怕失败和挫折，在他们眼里，一切都是那么困难。他们常常暗示自己：成功是不可能的，这是没有办法做到的。“自我设限”的人是无法取得成功的。

所以，要塑造一个全新的自我，就要打破这种“心理高度”，停止自我设限。

青春加油站

> 失败常常不是因为我们不具备成功的实力，而是在心中为自己设了限。

很多事其实很简单

天下无难事，行动了，迟早会得到解决；不去做，那么任何事都难于上青天。

有个人，在他的一生中遭受过两次惨痛的意外事故。第一次不幸发生在他46岁时。一次飞机意外事故，使他身上65%以上的皮肤都被烧坏了。在16次手术中，他的脸因植皮变成了大花脸。他的手指没有了，双腿特别细小，而且无法行动，只能瘫在轮椅上。谁能想到，6个月后，他又亲自驾驶着飞机飞上了蓝天！

4年后，不幸再一次降临到他的身上，他所驾驶的飞机在起飞时突然摔回跑道，他的12块脊椎骨全部被压得粉碎，腰部以下永久瘫痪。

但他没有把这些灾难当作自己消沉的理由，他说："我瘫痪之前可以做1万种事，现在我只能做9000种，我还可以把注意力和目光放在能做的9000种事上。我的人生遭受过两次重大的挫折，所以，我只能选择把行动和努力拿来作为自己排除不幸和缺陷的力量。"

这位生活的强者，就是米契尔。正因为他永不放弃努力，最终成为一位知名企业家和公众演说家，还在政坛上获得一席之地。

可见，在同样的环境、同样的条件下，不同的人，就会产生不同的结果。事在人为，只要去尝试了，就没有难事。台湾的证严法师说过一句话："做，就是对的！不做就永远是错的！"是的，去做了虽然不一定能成功，但是你不去做，连成功的可能性都没有！一个真正热爱生活的人，会马上去做自己想做的事，而不会去问该如何做，更不会给自己找借口推三阻四。

米契尔的事迹，在我们看来匪夷所思，但是很多事情都是这样，只要你去努力尝试了，你就会发现——原来这么简单！

亚历山大大帝在进军亚细亚之前，路过著名的朱庇特神庙。关于朱庇特神庙有个著名的预言，这个预言说的是谁能够将朱庇特神庙的一串复杂的绳结打开，谁就能够成为亚细亚的帝王。在亚历山大大帝到来之前，这个绳结已经难倒了很多国家的智者和国王。因为军队即将开拔，能否打开这个神秘的绳结，关系到了军队整体的士气。

亚历山大大帝仔细观察着这个绳结。果然是天衣无缝，无懈可击。这时，他灵光一闪："既然前人没人能够解开，那么我为什么不用自己的行动来打开这个绳结呢！"于是，他拔剑一挥，绳结被一劈两半，这个困惑了世人几百年的难题就这样被轻易地解决了。亚历山大也因此成为了亚细亚的帝王，众人心服口服。

亚历山大大帝勇于行动，不墨守成规，显示了非凡的智慧和勇气，成就了他亚细亚帝王的伟业。可见，即使是再棘手的难题，在行动面前都不堪一击。

万事为之则易，不为则难。目标有难有易，但只要付诸行动，再难的事情也会变得容易。不行动的话，容易的也会变得很困难。只要付出行动，

你会发现，看起来很难的事情，其实轻而易举就可以得到解决；而光想不做，再简单的事情都会觉得无比困难。

青春加油站

> 事情很少有做不成的，之所以做不成，与其说条件不够，不如说行动不够。

把握现在，就能改变一切

伟大的心理学家威廉·詹姆斯说：“以行动播种，收获的是习惯；以习惯播种，收获的是个性；以个性播种，收获的是命运。”既然如此，想要改变自己的命运和生活，你就要从最基本的行动做起，养成马上去做的习惯，从而改变个性，获得成功。

一个美国人到墨西哥旅游，一天黄昏时他在一个海滩漫步，忽然看见远处有一个人在忙碌地做着什么。走近些时，他看清楚原来有个印第安人在不停地拾起由潮水冲到沙滩上的鱼，一条条地用力地把它们扔回大海去。

美国人于是奇怪地问这个印第安人：“朋友，你在干什么呢？”

那人说：“我在把这些鱼扔回海里。你看，现在退潮了，海滩上这些鱼全是给潮水冲到岸上来的，很快这些鱼便会因缺氧而死掉！”

“我明白了。不过这海滩有数不尽的鱼，你能把它们全部送回大海吗？你可知道你所做的作用不大啊！”

那位印第安人微笑着，继续拾起另一条鱼，一边拾，一边说：“但起码我改变了这条鱼的命运啊！”

美国人恍然大悟，慢慢陷入了沉思！的确，虽然有很多美好的事情我们不能去实现，但是如果把握现在，却能改变一切！

向前看，好像时间很漫长；但回首，才知生命如此短暂！过去不能重新找回，将来还遥遥无期，唯一能把握、能利用的，只有现在了！这是我们必须明白的人生道理。

一位考古学家在古希腊的废墟里发现了一尊双面神像。由于从来没有见过这种神像，考古学家忍不住问它：“你是什么神？为什么会有两副面孔？”

神像回答说：“人们都叫我双面神，我一面回望过去，汲取教训；一面展望未来，充满憧憬。”

考古学家忍不住问：“那么现在呢？”

“现在”，神像一愣，“我只看着过去和未来，我哪管得了现在啊！”

考古学家说道：“过去已经远去了，未来还没有到来。我们能把握的只有现在啊！你对过去总结得再好，对未来的构想无论多么美好，如果不能把握现在，那又有什么意义呢？”

神像听了，恍然大悟：“你说得没错。我只关注过去和未来，而从来没想过现在，所以才被人们抛弃在废墟里啊！”

每个人都希望梦想成真，成功却似乎远在天边遥不可及，倦怠和不自信让我们怀疑自己的能力。其实，我们不用想以后的事，只要把握现在，开始行动，成功的喜悦就会慢慢浸润我们的生命。

霍勒斯·格里利说过：“做事的方法就是马上开始。过去的已成历史，未来还遥不可及，我们能把握的只有现在。”什么事情一旦拖延，就不会做成，而你一旦开始行动，事情就有了转变。凡事及时行动就等于成功了一半。

著名作家茅盾说过：“过去的，让它过去，永远不要回顾；未来的，等来了再说，不要空想；我们只抓住了现在，用我们现在的理解，做我们所应该做的。”那么，要想人生没有遗憾，成就你的卓越人生，那就从现在起，朝着你的目标，开始行动吧！

青春加油站

> 在时间的大钟上，只有两个字——现在。如果你希望掌握永恒，那你必须控制现在。